集成电路科学与技术丛书

图解入门——半导体工作原理精讲

[日] 西久保靖彦 著
李哲洋 于 乐 魏晓光 母春航 译

机械工业出版社

这是一本介绍半导体工作原理的入门类读物。全书共分4章，包括第1章的半导体的作用、类型、形状、制造方式、产业形态；第2章的理解导体、绝缘体和半导体的区别，以及P型半导体和N型半导体的特性；第3章的PN结、双极型晶体管、MOS晶体管、CMOS等；第4章涵盖了初学者和行业人士应该知道的技术和行业词汇表。

本书适合想学习半导体的初学者阅读，也可以作为相关企事业单位人员的科普读物。

图书在版编目（CIP）数据

图解入门：半导体工作原理精讲/（日）西久保靖彦著；李哲洋等译．—北京：机械工业出版社，2024.3

（集成电路科学与技术丛书）

ISBN 978-7-111-75167-0

Ⅰ.①图…　Ⅱ.①西…②李…　Ⅲ.①半导体工艺-图解　Ⅳ.①TN305-64

中国国家版本馆CIP数据核字（2024）第042038号

机械工业出版社（北京市百万庄大街22号　邮政编码100037）

策划编辑：杨　源　　　　责任编辑：杨　源

责任校对：韩佳欣　薄萌钰　韩雪清　　责任印制：常天培

固安县铭成印刷有限公司印刷

2024年4月第1版第1次印刷

184mm×240mm · 9.25印张 · 174千字

标准书号：ISBN 978-7-111-75167-0

定价：99.00元

电话服务　　　　　　　　网络服务

客服电话：010-88361066　机　工　官　网：www.cmpbook.com

010-88379833　机　工　官　博：weibo.com/cmp1952

010-68326294　金　书　网：www.golden-book.com

封底无防伪标均为盗版　机工教育服务网：www.cmpedu.com

前言

PREFACE

在写书时我所坚持的原则是“尽量让内容易于理解”，然而这实际上非常具有挑战性，许多书评都指出半导体图书“充满了晦涩的技术术语，对初学者而言阅读难度较高”。鉴于这些反馈，我修订了《图解入门——易懂的最新半导体基础和原理》的第3版，尽量融入最新技术，同时致力于进一步提高“易于理解”的水平。

学习半导体基础与原理对于初学者来说当然有其意义，因为这有助于对半导体技术有一个整体的了解，但依然存在一定的难度。特别是对于半导体和晶体管的工作原理，它们往往非常复杂，初学者可能会感到难以突破。事实上，我自己在刚开始涉足这个行业的时候，面对诸如“PN结”“能带”等术语时，内心真实的感受是“希望能跳过不读”。

因此，本书旨在与《图解入门——易懂的最新半导体基础和原理》等其他书籍有所差异，将焦点放在可能让人“跳过不读”的部分，即第1~3章的内容，包括“半导体是什么？”“IC、LSI是什么？”“半导体元件的基本原理”。我参考了前辈们出版的书籍，如竹内淳的《从高中数学中理解半导体原理》和岡部洋一的《图解半导体和IC》，并以图解方式详细解释，旨在帮助读者理解难懂的“PN结”“能带”，以及“CMOS”等概念。

此外，在“术语表”中，我也简明地解释了半导体初学者所需的知识。如果这本书能在解释“半导体的工作原理”这个初学者最容易困惑的地方为您提供一点帮助，我将不胜欣慰。

2022年11月

作　者

CONTENTS 目录

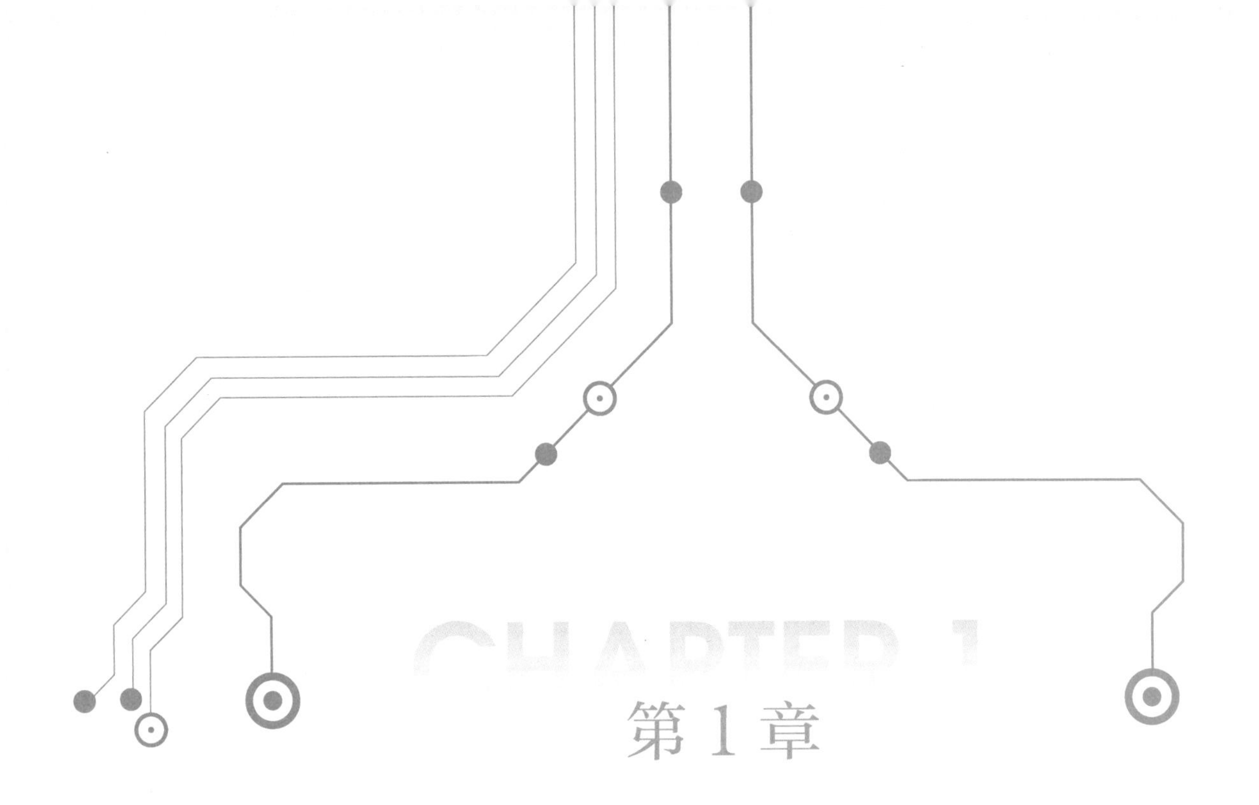

CHAPTER 1

第1章

新闻和电视上热议的半导体是什么?

半导体的作用、类型、形状、制造方式、产业形态

半导体是指由半导体材料，如硅等制成的电子元件的总称，称为集成电路。这一章将概述半导体的作用、它是由什么制成的、微缩技术的进展，以及比病毒还要小的形状等方面的内容，还会介绍半导体的制造方法和产业形态。

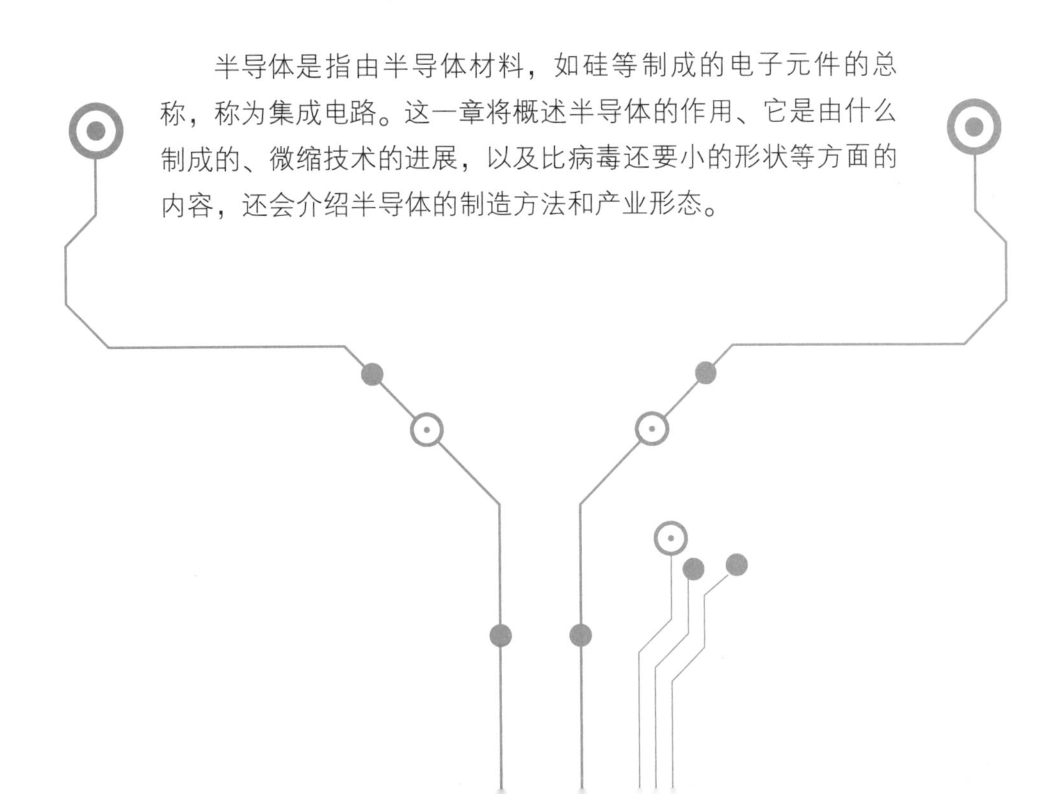

1-1 信息社会中不可或缺的半导体是什么？

本书中，半导体是指由硅等半导体材料制成的称为集成电路（IC、LSI）的电子元件。用于安装集成电路的封装技术也在高性能和超薄化方面取得了进展。

半导体是什么？

在我们生活的现代信息技术社会中，每天都会在报纸、电视等媒体中遇到“半导体”这个词。那么，半导体究竟是什么呢？

我们的生活在各种电子设备出现后迅速变化，变得更加方便。通过个人计算机和智能手机，信息技术社会得到了发展，电子产品不断拥有新的功能，使生活变得更加安全和便利。支撑这一切的就是半导体。

本书中，半导体是指由硅等半导体材料制成的被称为集成电路的电子元件。即使一个CPU的性能，也已经远远超越了过去的大型计算机。

此外，一个邮票大小的SD卡可以容纳512GB的数据，可以携带大容量的图像等数据。因此，在超薄化、增长电池使用寿命等方面做出贡献的超级电子元件正是半导体。

半导体的制造是在硅晶圆上，利用光刻技术制造100万至数亿个半导体元件（相当于传统的晶体管、电阻、电容等微米级以下的电子元件）。

在制造完成的硅晶圆上，数百个以上的小型硅芯片（约10mm×10mm大小的晶片）像骰子一样排列，每个芯片都拥有多个传统电子元件的功能，类似于装载了许多传统电子元件的印制电路板（电子电路基板）。

半导体封装

从硅晶圆上切割出每个芯片，然后封入封装外壳中，这就是大家所看到的集成电路（IC、LSI）。这些将小型芯片安装在封装外壳中、具备集成电路能力的超级电子元件，成为推动现代高度信息通信社会发展的原动力。

用于实现集成电路的封装有多种类型，但随着电子设备的高性能、轻薄短小需求，多引脚化和超薄小型化的趋势越发明显。智能手机的超高性能和长寿命，也受到封装技术高度发展的影响。

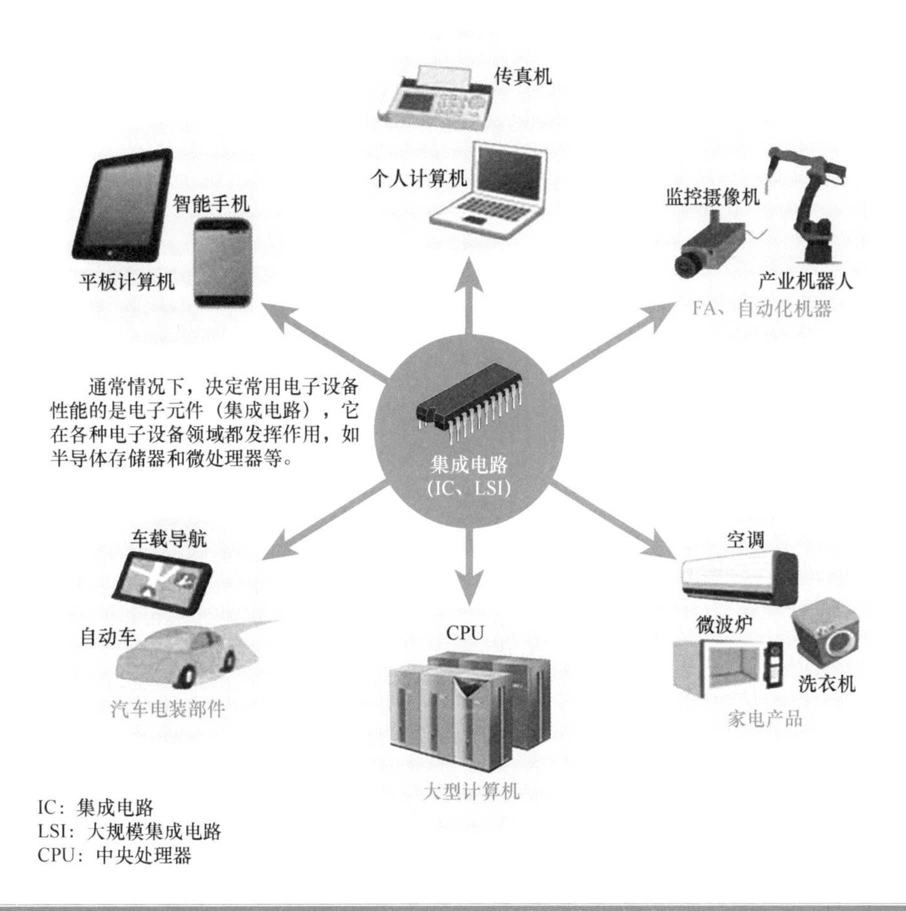

图 1-1-1　新闻和杂志上热议的半导体究竟是什么

半导体封装的技术问题

❶ 小型化、轻量化

❷ 超薄化

在以智能手机为代表的移动设备中，超薄化是必要的。

❸ 多引脚化（高密度化）

计算机和网络设备需要超过 1000~2000 个引脚的高密度连接。

❹ 高速化

随着移动电话迎来 5G 时代，需要支持 3.7GHz 频段（3.6~4.2GHz）、4.5GHz 频段

(4.4~4.9GHz) 和 28GHz 频段 (27.0~29.5GHz)。

❺ 高散热化

在系统 LSI 中，热量产生已经超过了 10W，因此需要使用散热性能良好的基板材料，并且散热器的一体化设计也变得至关重要。

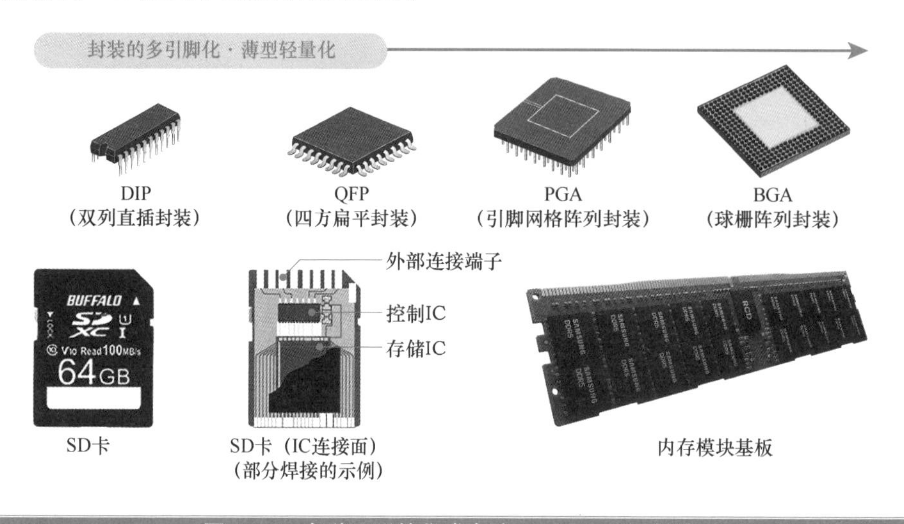

图 1-1-2 各种不同的集成电路 (IC、LSI) 封装

1-2 半导体的作用和产品类型有哪些?

半导体大致有 3 种基本的操作功能。① 电信号的放大、开关。② 将电能转化为光能。③ 将光能转化为电能。

半导体的作用和基本操作

我们已经了解到半导体 (集成电路) 是支撑当前社会基础设施的重要元素。因此，在这里我们将解释半导体如何作为电子电路功能发挥作用，以及与其功能相对应的半导体产品。

❶ 电信号的放大、开关

半导体的第一个作用是通过控制电子电路的电压和电流来放大微小的电信号，从而构建了模拟电路。

收音机、电视机、智能手机等产品都通过天线接收微弱的电波，然后经过放大和信号处理电路，将其还原为声音和图像。

第二个作用是电信号的开关作用（ON和OFF）。通过半导体的ON和OFF值来实现“1”和“0”的表示，从而构建了数字电路。

通过上述的放大电路、数字电路等技术，我们能够构建出各种集成电路（IC、LSI）产品，如计算机、智能手机等。

- 半导体存储器（DRAM、闪存存储器）。
- 微控制器（Microcontroller）。
- 中央处理器（CPU）。
- 图形处理器（GPU）。
- 通信用集成电路。
- 模拟集成电路（放大/信号处理）。
- 数字集成电路（数字信号处理）。
- 模数转换器（ADC）。
- 数模转换器（DAC）。

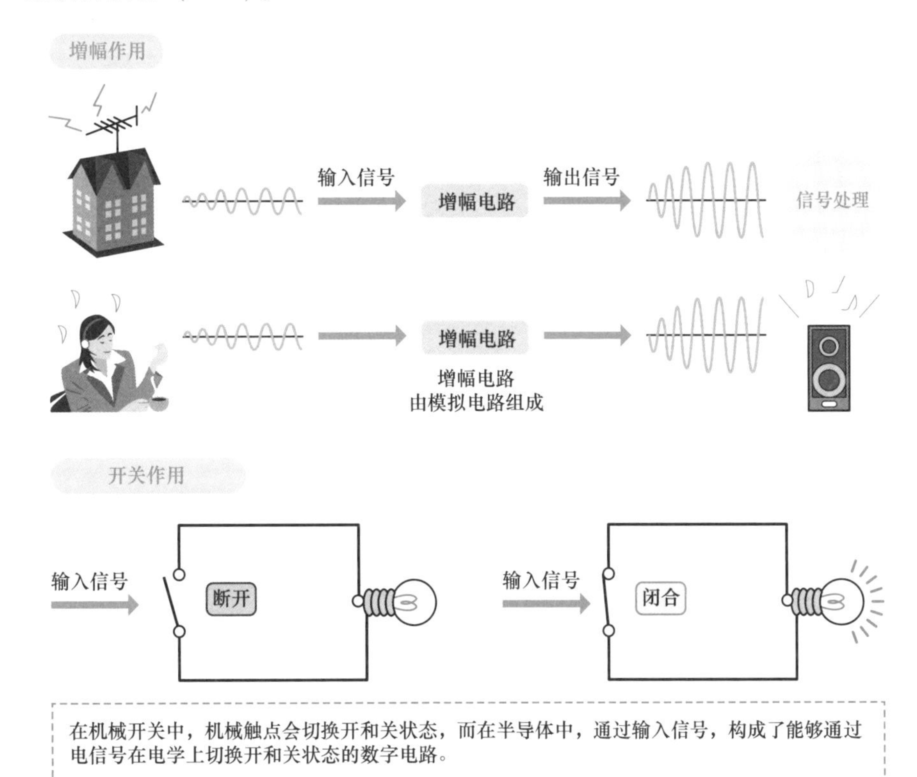

图1-2-1 半导体的作用：电信号的放大、开关

在机械开关中，机械触点会切换开和关状态，而在半导体中，通过输入信号，构成了能够通过电信号在电学上切换开和关状态的数字电路。

❷ 将电能转化为光能

半导体可以将电能转化为光能。用于照明灯、信号灯的发光二极管（LED），以及光通信中使用的激光二极管（LD）都属于这一类。在日常生活中，我们可以举出遥控电视机的例子。当我们通过遥控器向电视机发送开关信号时，红外发光二极管会发射控制信号的红外线（请注意，电视机上也会有红外光电二极管，用于接收控制信号）。

- 发光二极管。
- 激光二极管。

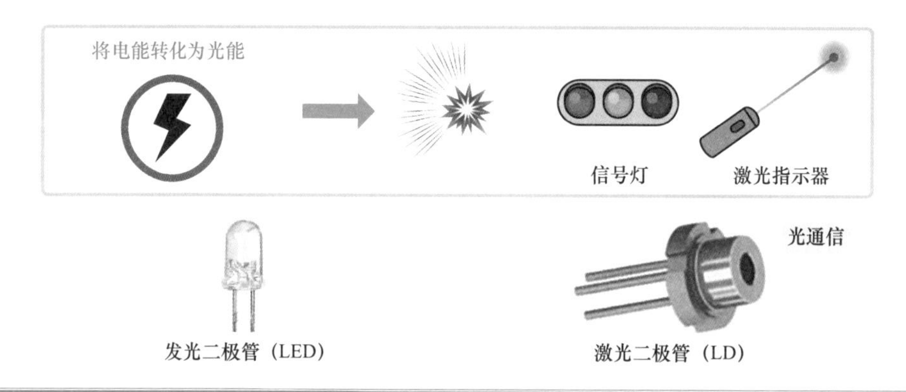

图 1-2-2　半导体的作用：将电能转化为光能

❸ 将光能转化为电能

半导体可以将光转化为电能和电信号。太阳能电池板（太阳能电池）将太阳光转化为电能。智能手机、数码相机的图像传感器也将来自目标物体的光转化为电信号（图像）。

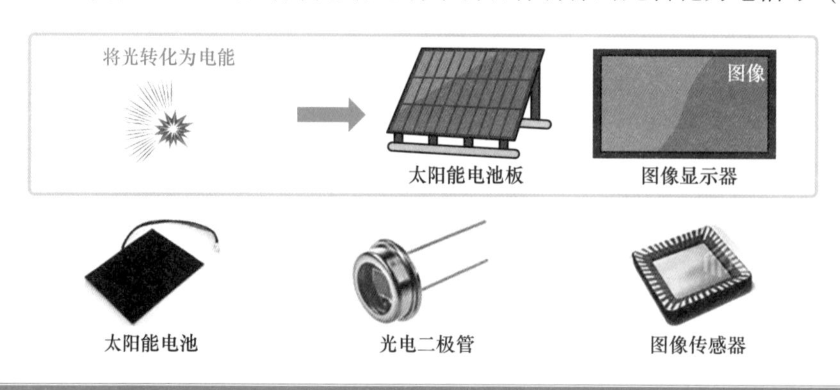

图 1-2-3　半导体的作用：将光能转化为电能

- 光电二极管。
- 图像传感器。

1-3 IC、LSI中包含了晶体管、二极管等硅晶圆上的元件

电子设备过去由数十块印制电路板组成，现在却变成了一个硅芯片上的集成电路（IC、LSI）。这是因为半导体元件的微缩化和高性能化等革新性技术的出现。

半导体的创新技术

在硅晶圆上，通过使用微加工技术，如光刻技术，将电阻、电容、二极管、晶体管等单独的电子元件作为半导体元件集成在一起形成电路，从而产生了集成电路（IC、LSI）。

一个硅芯片上可以搭载数百万至数亿个半导体元件（单独的电子元件）。

将单独的电子元件安装在印制电路板上

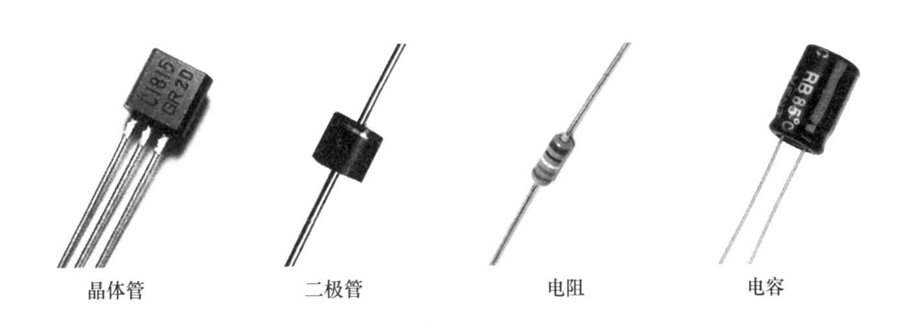

在集成电路（IC）出现之前，我们通过将单独的电子元件安装在印制电路板上来构建电子电路。因此，一个电子系统往往需要使用多块印制电路板。

图 1-3-1 将大多数半导体元件集成在硅晶圆上形成IC、LSI

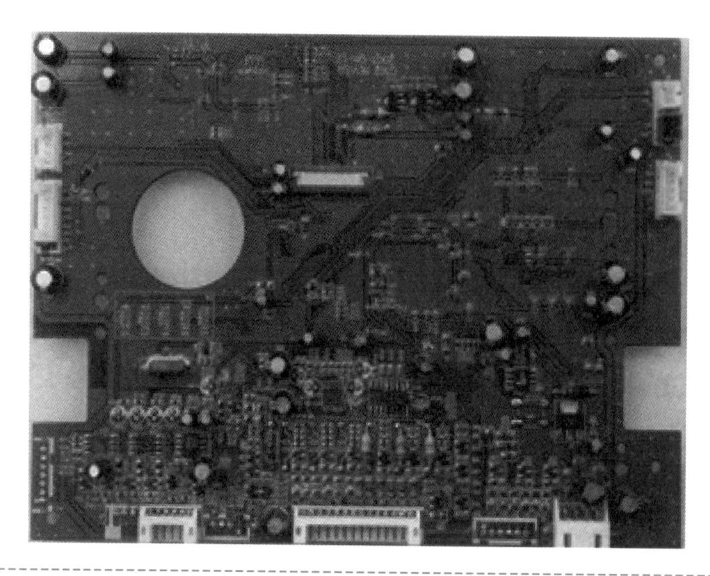

印制电路板：在进行了电子回路布线的印制电路板上，安装了晶体管、电阻、电容等电子元件。

通过半导体制造工艺（半导体工艺），使用微加工技术，将具有与单独电子元件等效功能的百万至数亿个半导体元件集成在半导体基板（硅晶圆）上，从而形成整体的电子电路。

图 1-3-2　印制电路板

之所以能够确立作为超级电子元件的地位，是因为硅芯片与传统的电子设备（电子元件）相比，存在以下革新性技术。

❶ 通过高度集成化，将电子系统在一个芯片上实现，并实现超小型化和超轻量化

将传统的电子系统功能凝缩到一个硅芯片上，通过搭载了百万至数亿个半导体元件的系统 LSI，取代数十张印制电路板（相当于数百万至数千万个半导体电子元件）的电子电路，将其压缩到大小约为数 mm^2 至 $1cm^2$ 的一个硅芯片（薄片）上，从而实现超小型化和超轻量化。

❷ 通过提高动作处理速度来实现高性能化

除了微缩化的过程，还有半导体元件以及电路之间连线长度的减少，使得诸如计算机和智能手机等的操作处理速度能够达到几吉赫兹（GHz），实现了显著的高性能提升。

❸ 通过低功耗化实现移动设备

通过微缩化晶体管等元件，可以减少寄生电容（与晶体管结构相关的负载电容）和负载电阻，从而实现显著的功耗降低。

❹ 通过成本降低实现电子设备的低价和高性能化

在一块硅晶圆上可以制造数百到数千个电路芯片（电子电路），这大大降低了成本。此外，硅晶圆的尺寸扩大［从几英寸（in）到现在主流的 300mm］也在生产效益方面做出了巨大贡献。

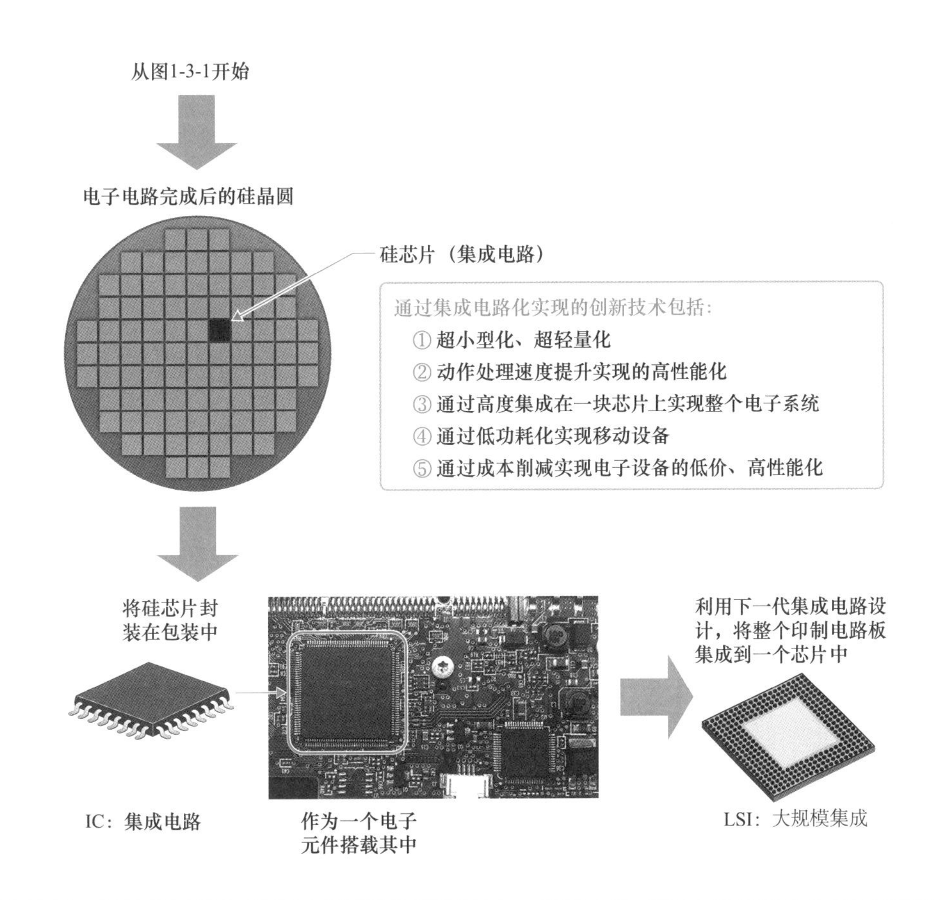

图 1-3-3　大量半导体元件被集成在硅晶圆上，形成了集成电路（IC、LSI）

1-4 在硅晶圆上制造的实际半导体元件形状

独立的电阻、电容、二极管、晶体管等都被称为分立电子元件。如果将这些功能集成到硅晶圆中，尽管功能相同，但被称为半导体器件，其尺寸通常在0.2~0.01μm以下。

半导体元件的形状

独立的电子元件，如电阻、电容、二极管、晶体管等，通常称为分立电子元件。但是，当将它们的功能集成到硅芯片上时，尽管功能相同，我们称为半导体元件。

在印制电路板时代，分立元件大约为10mm左右（现在随着电子元件的芯片化，尺寸缩小至数毫米）。然而，在当前的硅基芯片上，半导体元件的尺寸已经缩小到了0.01~0.2μm以下。

半导体元件中的电阻是通过在半导体基板上使用绝缘膜或多晶硅等材料制造的。作为电阻，它不适用于需要高精度大阻值的情况，而且温度稳定性（由温度特性引起的变化）相对于分立元件而言也较差。

此外，电容的容量通常受到面积限制，通常极限为数皮法（pF）。因此，电路设计要么不使用电容，要么采用尽量小容量的电容，以满足功能需求。

此外，在硅基片上实现电感线圈比电容器更加困难，除了特殊的高频用集成电路之外，一般不会使用它。

因此，在集成电路中，我们会构建等效的电子电路，例如将模拟电路替换为数字电路，从而在远小于使用电阻和电容器等元件的面积上实现低功耗、高性能的电子电路。

半导体元件的元件分离和金属连线

在硅晶圆上，单个半导体元件需要互相隔离，以防止电学上的干扰。元件分离的方法基于半导体的PN结反向偏压，并采用硅氧化物（绝缘体）进行隔离。有两种通过绝缘体实现元件分离的方法，分别是LOCOS（Local Oxidation of Silicon，硅局部氧化）和STI（Shallow Trench Isolation，浅沟槽隔离）。随着半导体微缩工艺的发展，目前的LSI制造主要采用STI。

此外，每个半导体元件都通过电极和金属导线（传统上使用铝，但最近也使用了电阻更小的铜等）连接，构成电子电路，逐渐组合成高性能的功能块，以实现最终的规格和性能要求，制造出所需的集成电路（IC），用于满足电子设备的需求。

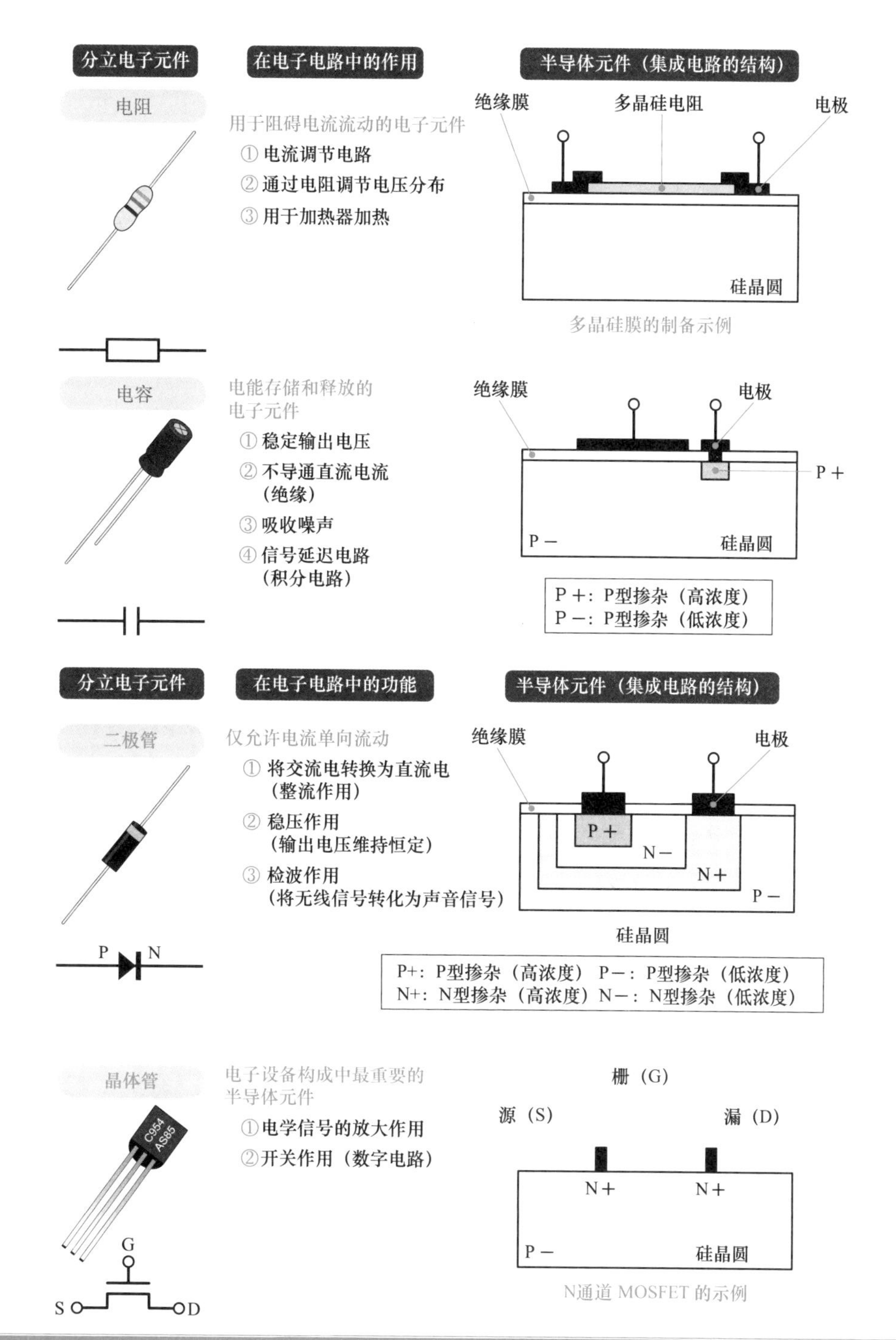
分立电子元件
在电子电路中的作用
半导体元件（集成电路的结构）
电阻
用于阻碍电流流动的电子元件
①电流调节电路
②通过电阻调节电压分布
③用于加热器加热
绝缘膜
多晶硅电阻
电极
硅晶圆
多晶硅膜的制备示例
电容
电能存储和释放的电子元件
①稳定输出电压
②不导通直流电流（绝缘）
③吸收噪声
④信号延迟电路（积分电路）
绝缘膜
电极
P＋
P－
硅晶圆
P＋：P型掺杂（高浓度）
P－：P型掺杂（低浓度）
分立电子元件
在电子电路中的功能
半导体元件（集成电路的结构）
二极管
仅允许电流单向流动
①将交流电转换为直流电（整流作用）
②稳压作用（输出电压维持恒定）
③检波作用（将无线信号转化为声音信号）
P
N
绝缘膜
电极
P＋
N－
N＋
P－
硅晶圆
P+：P型掺杂（高浓度） P－：P型掺杂（低浓度）
N+：N型掺杂（高浓度）N－：N型掺杂（低浓度）
晶体管
电子设备构成中最重要的半导体元件
①电学信号的放大作用
②开关作用（数字电路）
C954
AS85
G
S
D
栅（G）
源（S）
漏（D）
N＋
N＋
P－
硅晶圆
N通道MOSFET的示例

图1-4-1　分立电子元件与在硅晶圆上的半导体元件

LOCOS 结构

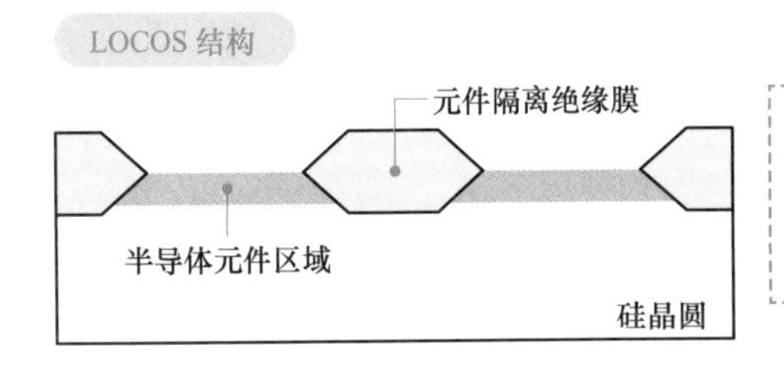

LOCOS（硅局部氧化）是在半导体元件之间形成厚绝缘膜（SiO_2）的方法。
它是通过局部氧化硅晶圆形成的，工艺简单。该方法的缺点是半导体元件间隔的尺寸较大。

STI结构

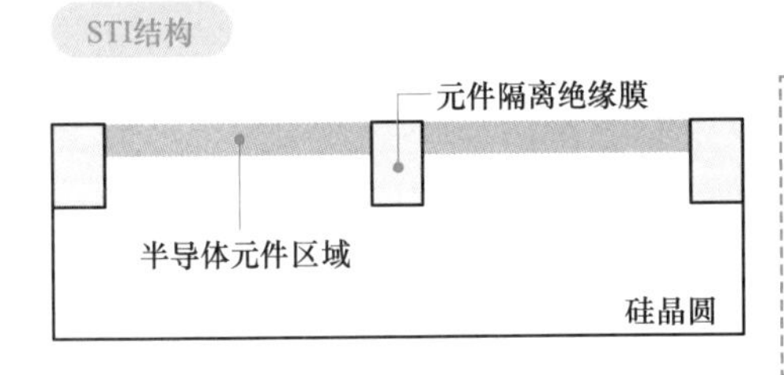

STI（浅沟槽隔离）是在使用干法刻蚀在硅晶圆上形成沟槽后，将绝缘膜填充进去，然后进一步进行表面平坦化处理的方法，因此该工艺更加复杂。然而，由于可以减小半导体元件间隔的尺寸，因此它是制造微缩化LSI（大规模集成电路）所必需的最佳方法。

图 1-4-2　半导体元件的硅基隔离方法

1-5 半导体元件的实际尺寸比病毒还要小

半导体领域的创新技术中，最为有效的是通过半导体元件尺寸的微缩来实现的。微缩的晶体管尺寸以及金属线路（线宽、线间距、长度）等对提高电子设备的性能有着重大贡献。

晶体管尺寸微缩化的三大效应

图 1-5-1 比较了半导体制造历史中逐年微缩的晶体管尺寸。

比较了美国英特尔公司在 1971 年首次发布 CPU（处理器）和 2023 年生产的 CPU，其中一只晶体管的边长缩小至前者的 $3/10^4$，面积缩小至 $1/10^7$。

晶体管尺寸（沟道长度为 3nm）比冠状病毒小几十倍。

图 1-5-1 比较了半导体制造历史中各年代的晶体管微缩尺寸（图案面积成比例）。

在过去的 20 年里，随着晶体管尺寸微缩化的快速发展，电子设备性能能够加速提升，

主要归功于以下3个主要因素。

❶ 高速化工作频率（CPU的高处理速度化）

IC中使用的MOSFET的速度取决于MOSFET的沟道长度。第3章将详细解释，沟道长度越短（即晶体管尺寸越小），MOSFET的开关速度就越快，从而可以提高工作频率。

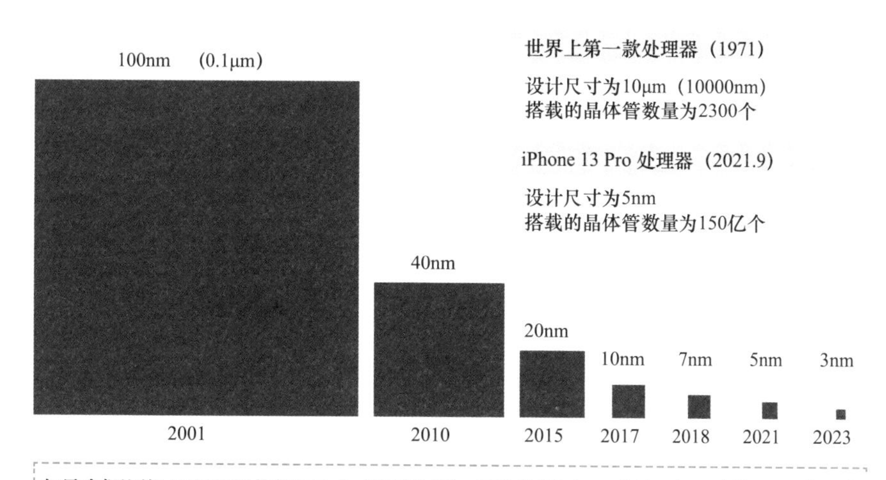

图1-5-1　半导体微缩化以惊人的速度发展（年代尺寸比较）

❷ 降低功耗

集成电路在运行时的电力消耗是由晶体管的开关（ON和OFF）引起的。如果考虑晶体管的负载容量（电容），则在开关过程中的充电和放电会导致电力消耗。单个晶体管的功耗可能很小，但在搭载了数百万甚至数十亿个晶体管的集成电路中，功耗会非常大。

此外，降低功耗不仅可以延长电池寿命，还可以防止由于热量产生而导致的高温工作故障，并有助于冷却装置的小型化。

❸ 集成度的提高（芯片上可搭载的晶体管数量增加）

通过晶体管尺寸的微缩化，可以爆炸性地增加芯片上可搭载的晶体管数量。这使得过去需要装在大型外壳中的电子设备现在可以搭载在一个芯片上，也就是说，整个电子系统可以在一个集成电路中实现。

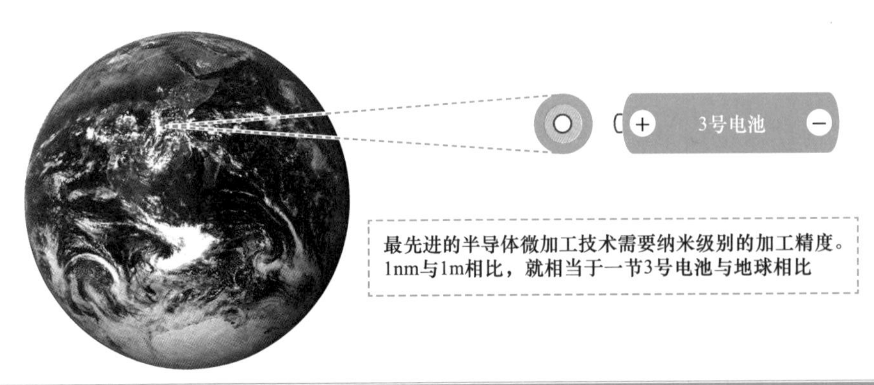

3号电池
最先进的半导体微加工技术需要纳米级别的加工精度。
1nm与1m相比，就相当于一节3号电池与地球相比

图 1-5-2　微加工的进展 1nm 的尺寸意味着什么

1-6 将所有功能集成到一颗芯片中，形成系统 LSI

系统 LSI 旨在将以前需要多个 LSI 来分别搭载的系统功能合并到一个半导体芯片中，以实现各种各样的功能应用。因此，它也被称为 SoC（片上系统）。

系统 LSI

系统 LSI 包括通用模块，如 MPU（微处理器）和内存，以及按照电子设备规格开发的功能模块（例如图像处理等专用电路功能，搭载于 LSI 时将其视为一个模块，具有各种不同的称呼，如核心单元、宏单元等），还包括搭载 ASIC（针对特定用途开发的专用功能电路）等。

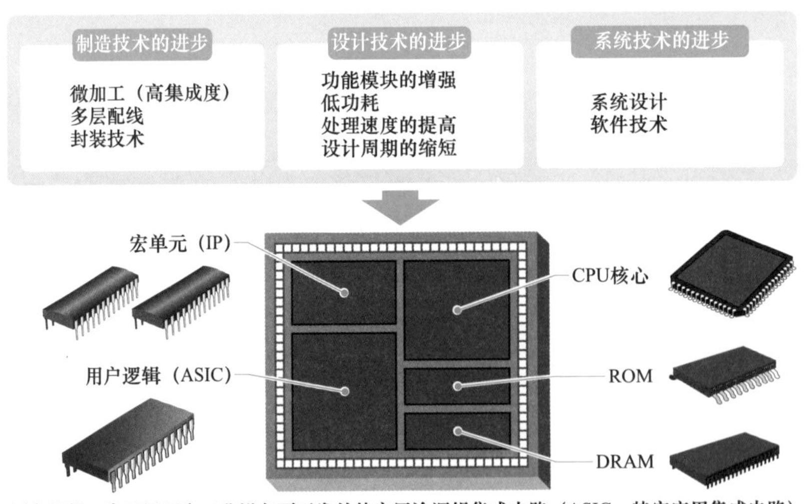

图 1-6-1　将所有功能集成到一块芯片上的系统 LSI

实现这种系统 LSI 的背后有制造技术（微加工、多层布线、封装技术）的进步，设计技术（功能模块的增强、低功耗、处理速度提高、设计周期缩短）的进步，以及系统技术（系统设计、软件技术）的进步。

在当前的数字家电和汽车半导体的设计和制造中，必须详细了解产品规格（性能要求）。只有系统 LSI 的开发方深切感受到客户的需求并做出响应，才能实现与其他竞争对手的差异化，实现高质量、高功能和短期开发。

最新的系统 LSI 示例：Mac Book Air

最近的一个代表性系统 LSI 产品是搭载在新款 Mac Book Air 上的“Apple M1”。

Apple M1 的半导体制造采用了 5nm 工艺，搭载了 160 亿个晶体管。这是一个具有 8 个 CPU 核心的单芯片，也被称为多核心处理器。

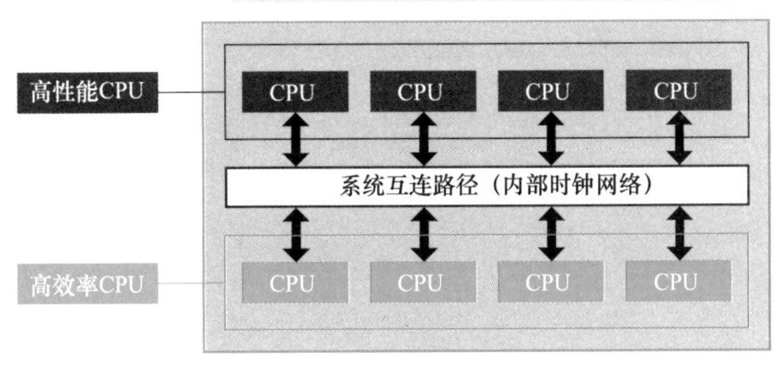

图 1-6-2　系统 LSI 的一个案例：搭载在美国苹果公司的个人计算机“Mac Book Air”上的“Apple M1”芯片

在多核心技术中，如果想要获得当前的两倍运算性能，与其将单个核心的运行频率提高两倍，不如保持运行频率不变，使用两个 CPU 核心，也就是双核，这样可以更低功耗地实现目标。如果要在单个核心上获得相同的运算性能，就需要提高运行频率（功耗与运行频率成正比），同时还需要增大电源电压（功耗与电源电压的平方成正比），结果会导致比双核心（两个 CPU 核心）的情况下消耗更多的电力。因此，通常会通过搭载多个核心并分散处理任务来提高工作效率。

然而，处理器性能并不会简单地因为使用了两个 CPU 而成倍增加。要将多核心处理器的性能提升到所需的水平，有效的程序分发（并行处理）非常重要。

“Apple M1”在需要高速处理的情况下，会利用所有 8 个 CPU 核心进行处理，而在不需要高速处理的情况下，它将仅使用高效核心来执行任务，以减少能耗。这款系统 LSI 综合了最新的技术，以适应不同的应用场景。

1-7 半导体是如何制造的?

制造可以分为前道工艺（晶圆制程）和后道工艺（封装工序）。首先需要准备好掩膜版（IC 版图的原版）和硅晶圆（半导体基板）。经过最终检验后才会出货。

前道工艺（晶圆制程）

前道工艺（晶圆制程）按顺序重复以下的 4 个工艺步骤，从而将数百万到数亿个晶体管、二极管等形成在硅基板（硅晶圆）上。在最新的高性能半导体中，这个重复的工艺可能会有 400~600 个步骤。

（1）薄膜制备：生成晶体管等元件的形状、绝缘层（如氧化层和元件隔离层）以及金属布线层（如铝等薄膜）。

（2）光刻：使用曝光设备将图案从掩膜版转移到涂有光刻胶的硅晶圆上，从而形成所需的薄膜层图案。

（3）刻蚀：使用化学物质或离子的化学反应（腐蚀作用）对形成的薄膜层进行加工，以形成所需的形状。

（4）杂质扩散：使用离子注入设备，形成半导体元件所需的 P 型或 N 型半导体区域。

此外，根据需要，在各个步骤之间进行晶圆清洗以及化学机械抛光（CMP，Chemical Mechanical Polishing）工艺，以机械化地平整晶圆表面。

在完成前道工艺后，进行晶圆检验以选择合格芯片，然后进入后道工艺。

- 掩膜版（在 IC 制造工艺中使用的 IC 图案原版）。
- 硅晶圆（用于制造 IC 的半导体基板）。

❶ 晶圆检查

当前道工艺完成后，通过 IC/LSI 测试系统对晶圆上的芯片进行检查，只有合格的芯片会被发送到后道工艺。

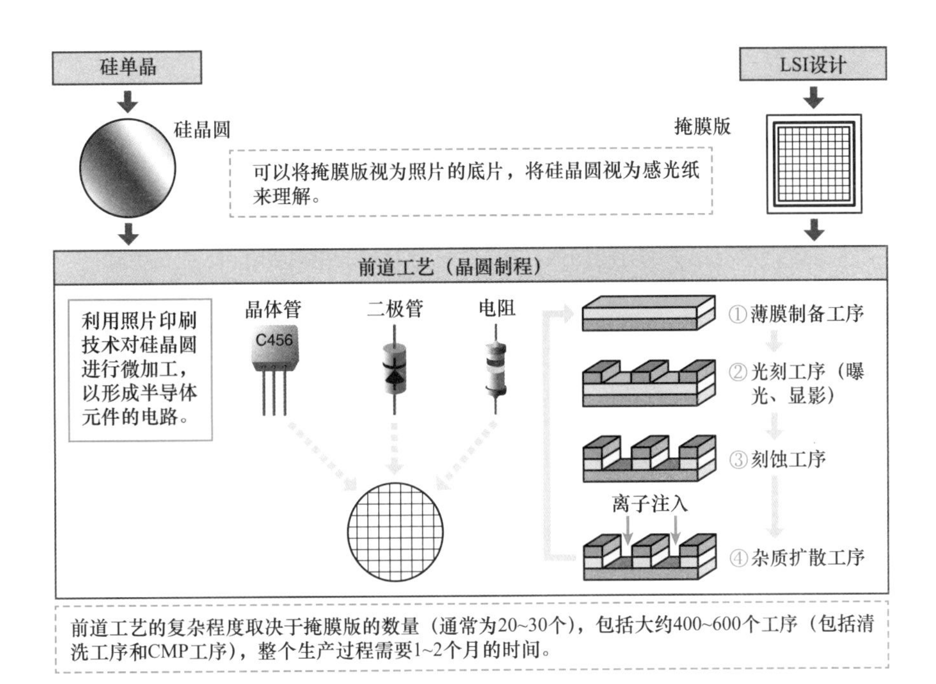

图 1-7-1　半导体制造的前道工艺全过程概览

❷ 后道工艺（封装工序）

后道工艺的流程如下：

（1）划片：将晶圆切割成单个 IC 芯片（晶片）。

（2）贴片（芯片键合）：将切割好的芯片粘贴到引线框架（金属基板）上。

（3）引线键合：用金线等将安装好的芯片与引线框架连接。

（4）注塑：用树脂等材料封装芯片，以免受水和污物的侵害。

（5）完工（标记）：将引线框架分离成单独的封装，标记（刻上型号）后即可完成 IC 制造。

❸ 出货检验（在封装后排除次品的最终检验）

出货检验的流程如下：

（1）产品检验（电学特性检验、外观检验）。

（2）可靠性检验（环境测试、长期寿命测试等）。

（3）早期失效产品的筛选（温度、湿度、电压等的应力加速测试）。

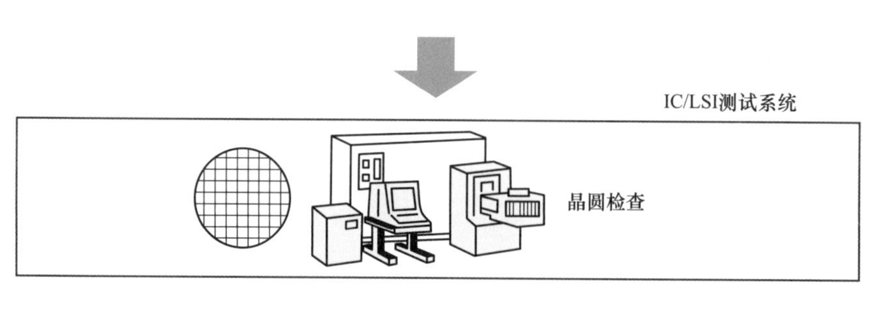

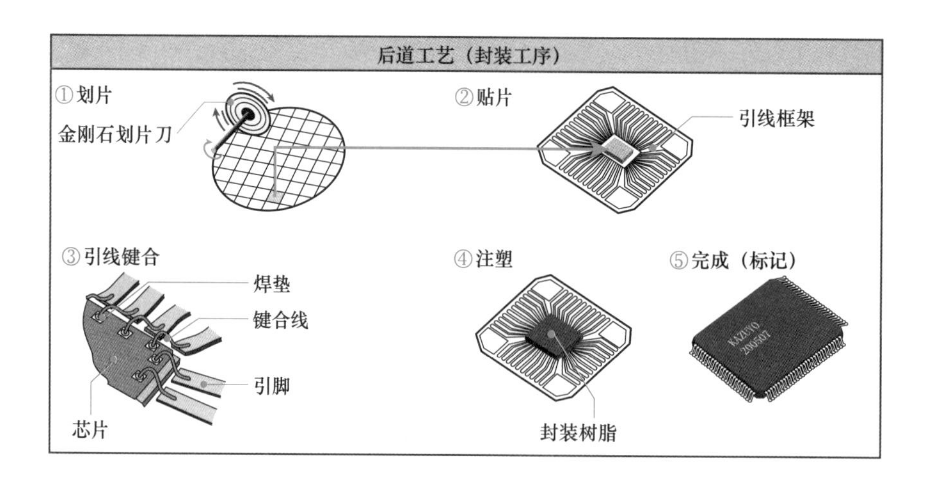

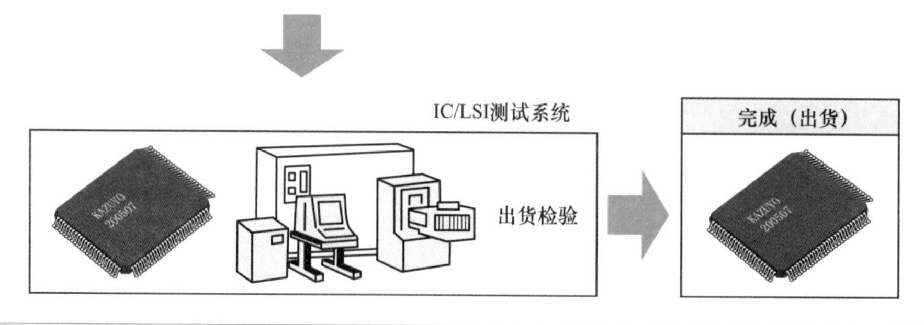

图 1-7-2　半导体制造的后道工艺全过程概览

1-8 半导体产业是最先进技术的集合体

作为半导体产业主体进行半导体器件制造的半导体制造商，其产业形态可以分为三类。半导体产业由半导体制造商和其支撑企业构成，包括制造设备、检测/设计设备、材料、零部件等相关企业。

半导体制造商的产业模式

自从半导体产业开始以来，大多数制造商都采用了垂直整合型（IDM型）的百货商场模式，涵盖了从设计、开发、制造到销售的所有半导体产品。然而，从20世纪90年代半导体迅速增长的时期开始，产业格局发生了巨大变化，出现了专注于自家擅长产品的特定产品半导体制造商。

随着这一时期的发展，不仅产品本身，半导体行业也出现了与垂直一体化制造商一起，将“设计、开发”与“生产”分开的专业半导体制造商显著成长的趋势。因此，目前半导体制造商的产业形态新增了专注于设计并将生产外包给其他公司的无晶圆厂（Fabless）半导体制造商，以及专注于制造的晶圆代工厂（Foundry）半导体制造商，总体上分为3种形态。

❶ 垂直一体化型制造商（IDM：Integrated Device Manufacturer，集成器件制造商）

这是一个传统企业，拥有从产品规划、LSI设计、制造、组装和检验到销售的一体化制造设施和销售体系。

包括英特尔、三星电子、SK海力士、美光科技、索尼半导体解决方案、Kioxia、瑞萨电子等在内。

❷ 无晶圆厂半导体制造商

不拥有自己的制造工厂（Fab：Fabrication facility），而是委托晶圆代工厂进行生产。其特点是专注于为特定应用领域进行半导体设计，并仅进行高附加值、高功能的IC和LSI产品开发的企业。

包括高通、博通、英伟达、AMD等。

❸ 晶圆代工厂制造商（又称制造受托商）

代工厂制造商是指接受来自无晶圆厂制造商和垂直一体化制造商的委托，仅进行制造的企业。台积电最初是半导体制造商的外包供应商，但现在已经成长为领先的半导体制造技术提供商，引领半导体行业的顶尖企业。

包括台积电、三星电子、英特尔等。

半导体制造商		
垂直一体化型制造商	无晶圆厂半导体制造商	晶圆代工厂制造商

半导体制造设备		
前道工艺（晶圆制程）		后道工艺（封装工序）
热处理设备（扩散、退火）	清洗设备	背面减薄设备
薄膜制备设备	离子注入设备	划片设备
匀胶、显影设备	化学机械抛光（CMP）设备	贴片设备
光刻设备	金属布线成膜设备	键合设备
刻蚀设备		注塑设备

设计设备、检测设备、测试系统			
IC/LSI设计系统	测量检测系统	IC/LSI 测试系统	自动测试设备

半导体材料、零件				
硅晶圆	掩膜版	感光剂（光刻胶）	气体、化学品	封装组件

半导体工厂设备			
洁净室	搬运装置	气体、化学品供应设备	废气、废液处理设备

图 1-8-1　半导体行业（包括半导体制造商和半导体相关产业）

半导体相关产业

支撑半导体制造商的半导体相关产业领域由涵盖多个领域的高技术企业群体组成。这些领域包括半导体制造设备、设计设备、检测设备、测试系统、半导体材料和零部件、半导体工厂设备等。自从半导体问世以来，这些半导体相关产业与半导体制造商紧密合作，共同持续发展。值得特别注意的是，在制造设备、材料等半导体相关领域，日本企业的产品在全球占有很大份额。

半导体制造设备		
热处理设备（扩散、退火）	将硅晶圆加热，进行杂质扩散和热处理的设备	东京电子、KOKUSAI（两家公司占95%）
匀胶、显影设备	用于涂覆和显影感光剂（光刻胶）的设备	东京电子（占90%）
清洗设备（单片式）	针对晶圆的大尺寸化和工艺的高精度化，逐片清洗晶圆的设备	SCREEN集团 东京电子（两家公司占61%）
清洗设备（批处理）	同时清洗多个晶圆的设备，也称为湿法工作站	SCREEN集团、东京电子（两家公司占91%）
划片设备	将晶圆切割成芯片的设备	DISCO、东京精密（两家公司占约100%）
自动测试设备	与IC/LSI测试系统一起使用的晶圆搬运、定位设备	东京精密、东京电子（两家公司占约90%）

设计设备、检测设备、测试系统		
掩膜版检测设备	掩膜版缺陷检测设备	LaserTech（占44%）
测量检测系统（线宽检测）	通过SEM（扫描电子显微镜）测量线宽和孔径尺寸的测量设备	日立高科技（占69%）
IC/LSI测试系统	IC/LSI的合格品检查	ADVANTEST（占40%~50%）

半导体材料、零件	
硅晶圆（300mm）	
感光剂（用于ArF光刻）	JSR、信越化学、住友化学、东京应化、富士胶片（五家公司占87%）
感光剂（用于EUVL光刻）	信越化学、JSR、东京应化（三家公司占100%）

图1-8-2 全球半导体相关产业中具有竞争优势的日本企业份额（2021年数据）

半导体在物联网（IoT）中的作用

在连接物与物的物联网中，低功耗、小型封装的集成电路，如半导体（传感器、通信、微控制器）是必不可少的。

物联网（IoT）设备的具体结构是：通过搭载传感器、摄像头（图像传感器）和无线通信设备，感知物体的状态和运动并获取数据，再将这些信息通过互联网进行互相交换。半导体是构建这个 IoT 世界的关键因素。各种传感器和半导体器件的降价，以及通信基础设施的扩展和性能提升，加速推动了 IoT 的应用，有助于建设更加安全可靠的社会生活。

① 半导体器件在物联网中的作用和分类。

(1) 信息收集（数据获取）。

光电半导体：发光二极管、激光二极管、图像传感器。

传感器：温度、湿度、压力、加速度、气体、磁力等各种传感器。

执行器（将电信号转换为物理运动）：MEMS（微机电系统）。

(2) 信息传递（数据传输）。

模拟集成电路：用于放大来自传感器等的模拟信息（电信号）。

数字集成电路：将模拟信息处理成数字信号。

逻辑电路集成电路和无线集成电路：发送获取信息的无线信号。

(3) 情报处理（数据分析）。

微控制器（CPU）：用于终端设备的控制和数据分析。

存储器：用于存储获取的数据。

② 物联网半导体器件所需的技术。

物联网器件通常需要长时间工作，而且工作环境预计会相当苛刻，因此搭载的集成电路需要满足以下技术要求：

(1) 低功耗·低电压操作（多用于电池供电）。

(2) 小型封装（可附在身体上或固定在测量对象上）。

(3) 高性能·多功能·低噪声。

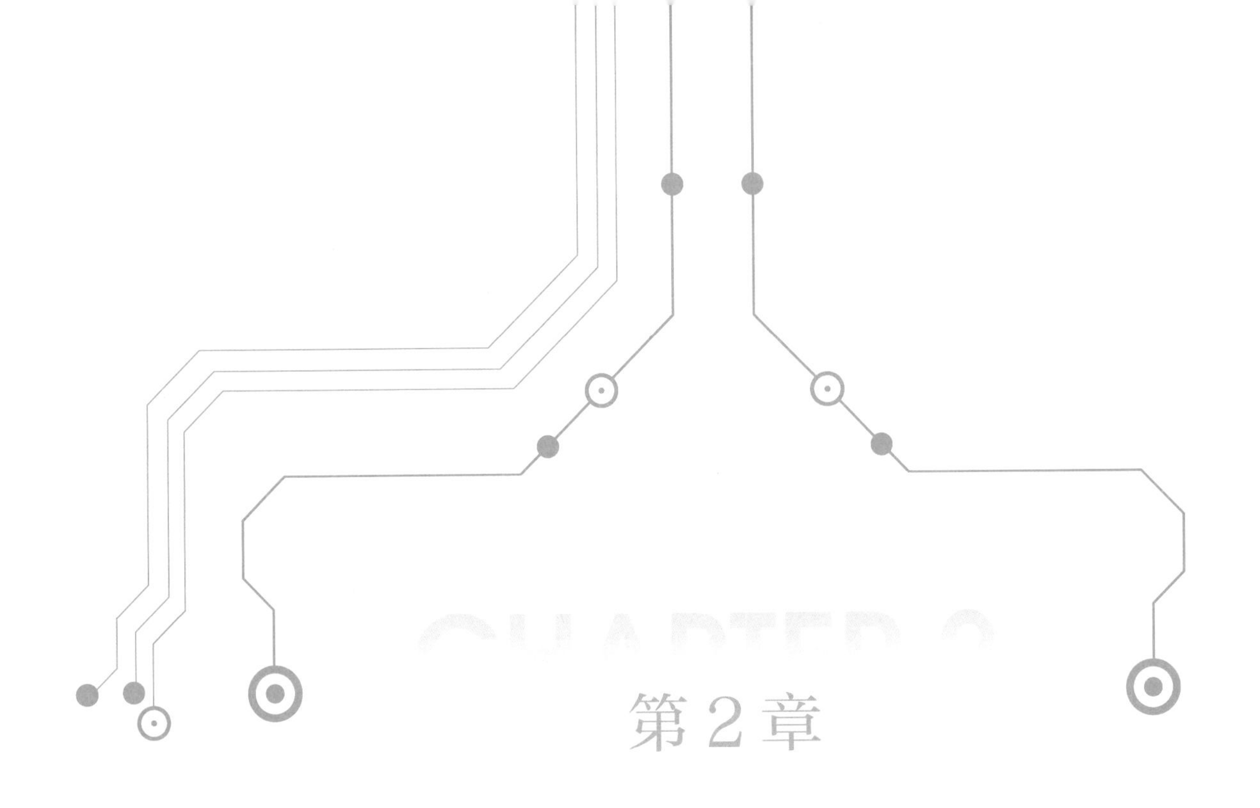

第 2 章

通过学习物理和化学了解半导体的真正含义和特性

理解导体、绝缘体和半导体的区别，以及 P 型半导体和 N 型半导体的特性。

导体、绝缘体和半导体的区别取决于其材料中的自由电子数量。半导体的特性在于通过添加杂质，可以从绝缘体转变为导体。我们将解释 P 型半导体、N 型半导体之间的杂质差异以及能带结构。

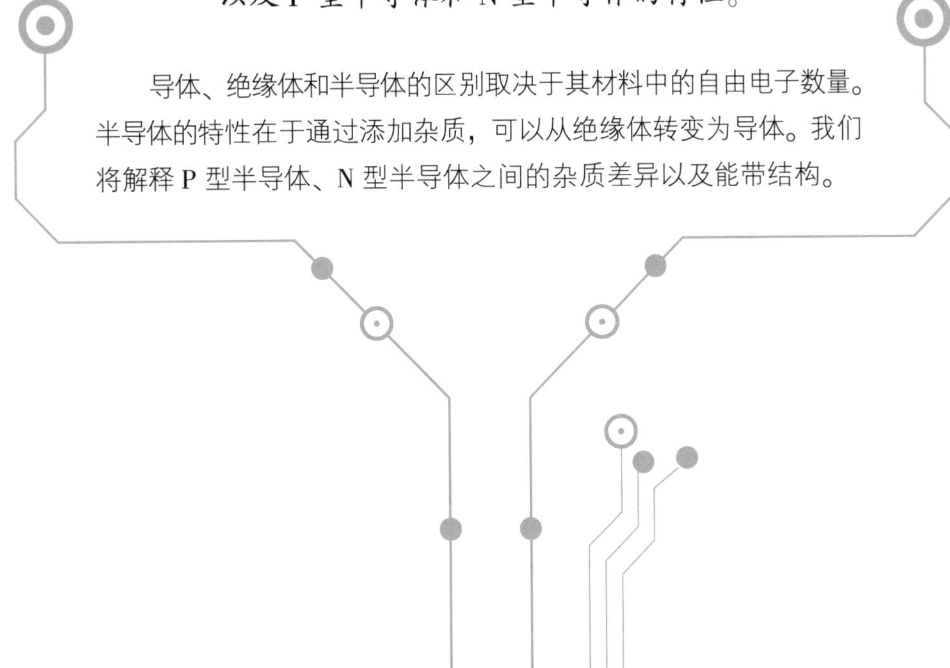

2-1 电和电子

电和电子有什么区别呢？从概念上来说，电（Electric）处于更高的层次，而将其用作能量并执行功能操作的是电子（Electron）。

让我们明确电气与电子技术的区别

在学习半导体之前，需要明确一下日常使用的电气技术和常见于半导体中的电子技术之间的区别。

我们日常使用的电气技术涉及通过电线传送到各个家庭的电能（转换为用于照明的光能、用于加热的热能、用于驱动洗衣机等设备的动能），而电子技术则涉及受电能驱动的电子设备，如电视、计算机和智能手机（移动电话）等。

电车、洗衣机等的动力由电动机提供，照明、电热设备等利用电产生光和热，这些设备属于电气技术的范畴。电视机、计算机等由电子器件组装而成的设备则属于电子技术的范畴。

图 2-1-1 电气与电子技术在社会生活中的理解方式

电与电子的区别

从概念上讲，电与电子之间的区别是电（电气）位于更高层次，它被用作能源来实现设备的功能和操作，而电子（电子）则是构成电的基本单位。

顺便提一下，在大学里的电学相关课程中，“电气工程”侧重于电能的发生、传输控制以及电气应用设备领域，而“电子工程”专注于电话、电视、卫星通信等信息通信设备、半导体、集成电路、计算机等领域，涵盖了晶体管和计算机等设备的功能处理。

此外，如今，随着计算机和光通信技术等的进步，已经扩展到了学习信息处理、网络构建以及软件等内容的“信息工程”领域。

即使读到这里的解释，许多读者可能仍然会说，“电和电子的区别并不明显”。

事实上，从本质上来看，电和电子实际上是完全相同的东西，电子工程的诞生是为了更详细地理解电的本质，通过理论考察“存在于所有物质中的电子”的运动，从而推动了电子学的发展。

电流的本质就是电子！

为了理解电与电子之间的区别，可以将电和电子类比为水路（水管）和电路（电线）。如果水管中流动的是水流，那么电线中流动的就是电流。因此，水流是水（H_2O）

的流动，电流是电子（Electron）的流动，也就是说，电子是电流中像水一样流动在电线中的基本元素。

因此，电子是通过对电的内部进行探究而发现的，就是传递电的电线中流动的电流的本质。

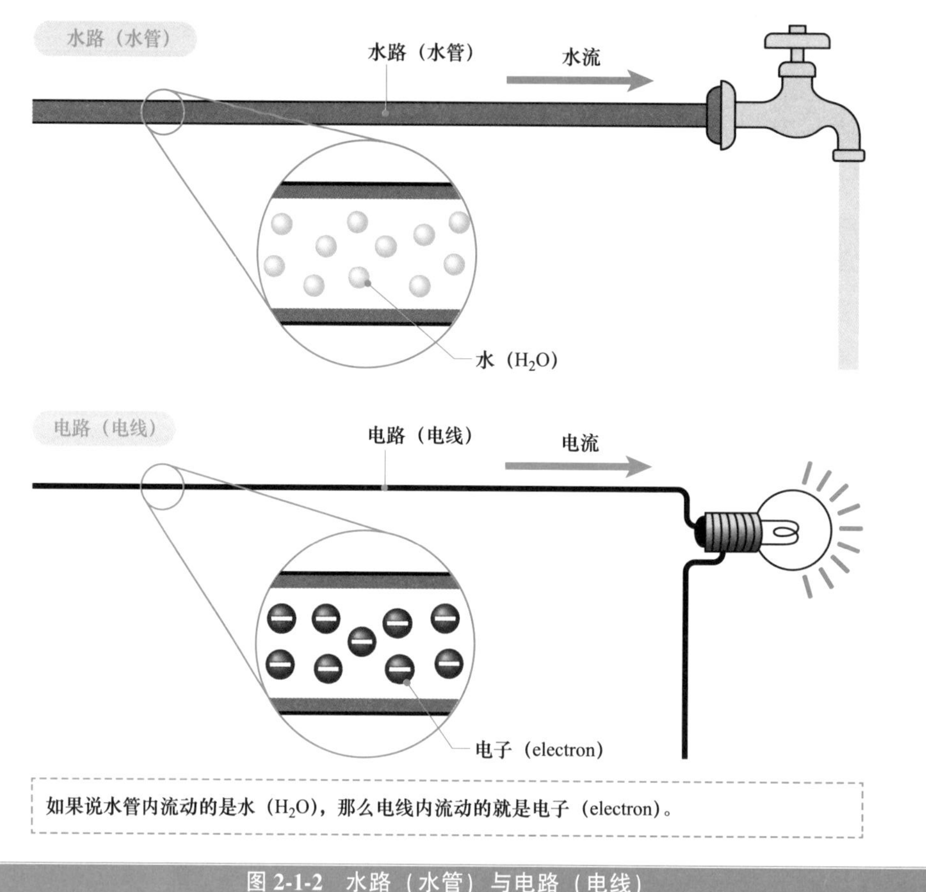

图 2-1-2　水路（水管）与电路（电线）

2-2 导体和绝缘体的区别取决于自由电子数量

导体是电流流动良好的物质，相反，像塑料一样电流流动很差（难以流动）的物质称为绝缘体。实际上，这种差异是因为导体中有大量自由电子，而绝缘体中没有自由电子引起的。

导体具有许多自由电子，而绝缘体则没有自由电子（数量很少）

将电器产品的插头连接到电源插座，电能将通过电源线传送，使您可以观看电视或使用洗衣机。这是因为电流作为电能在电线中流动，为家电提供电能。

然而，如果电线不像铜线一样能够容易传导电力，而是像塑料一样无法传导电力，电器产品将无法工作。

在电学中，能够良好传导电流的物质称为导体，相反，像塑料一样电流无法流动（难以流动）的物质称为绝缘体。

让我们从电流的本质，即电子的角度出发，来从物理上考虑导体和绝缘体。

在导体中，存在大量电子（准确来说，是能够在物质中自由移动的电子，即自由电子）。通过对导体施加电压，这些自由电子会被推动，从负极移动到正极，形成电流。然而，在绝缘体中，自由电子很少或根本不存在，因此不会产生自由电子定向移动的现象，电流也就不会流动。

也就是说，根据物质中是否存在自由电子（更准确地说，是多还是少），可以区分导体和绝缘体。

另外，如图 2-2-1 所示，电流与电子的方向是相反的。电流从正极流向负极，而电子则从负极流向正极。

导体：金、银、铜、铁、铝等。

导体

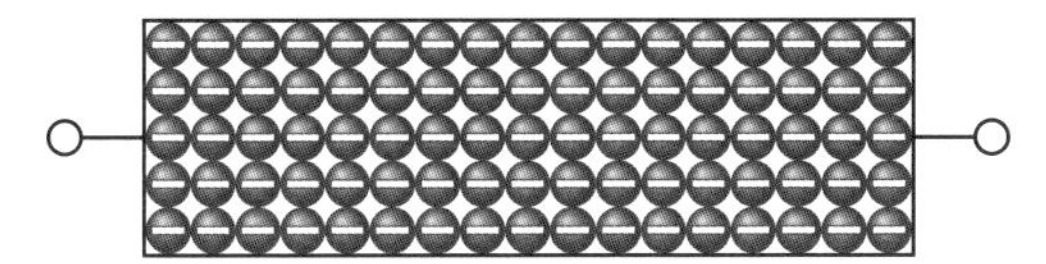

有很多自由电子（特指能够自由移动的电子）。

施加电压于导体

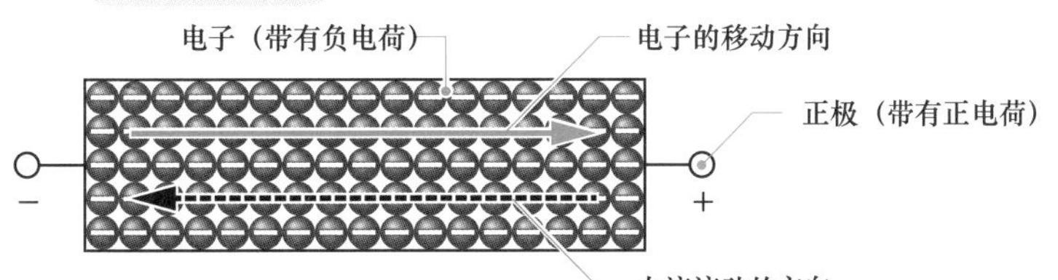

自由电子流向正极方向。在这种状态下，电流从正极流向负极（电流和电子的流动方向相反）。

物质中相同极性之间会相互排斥，不同极性则会相互吸引。电子带有电荷（带有负的电量）。可以将其视为静电现象。

图 2-2-1　导体中有很多自由电子

电流和电子流动方向相反的原因是因为在我们了解电流的本质是电子从负极移向正极之前，我们已经规定了“电流从正极流向负极”。因此，即使现在我们了解了电流的原理，电子流动方向和电流的方向仍然是相反的。

此外，如果考虑电子（带有负电荷）以被吸引到正极（+和−相互吸引，同极性相互排斥）的方式移动，那么可以更容易理解这一现象。

什么是自由电子？电子和自由电子有什么区别？

虽然我们已经解释了导体中有许多自由电子，而绝缘体中没有（数量很少），但电子和自由电子之间有何区别呢？详细信息将在第 2 章的“2-7 从基本开始了解硅，硅的原子结构是什么？”中进行解释，但首先简要了解电子和自由电子之间的区别可能是有益的。

在迄今为止的解释中，我们将“自由电子”定义为能够自由移动的电子。由于导体中的电流是由电子移动产生的，所以它确实是自由电子。那么，有不能自由移动的电子吗？这当然是一个合理的疑问。

实际上，我们平常提到的“电子”在物理学中是指“自由电子”。然而，在物理学中，“自由电子”具有特殊的含义。物质的原子结构由原子核和围绕其旋转的电子组成。这些围绕原子核旋转的电子就是“电子”。这些“电子”受到原子核的引力束缚，无法自由移动。然而，在某些条件下，这些“电子”可以克服原子核的引力而自由移动，这就被称为“自由电子”。我们所熟知的电子实际上是指这些能够自由移动的电子，即“自由电子”。

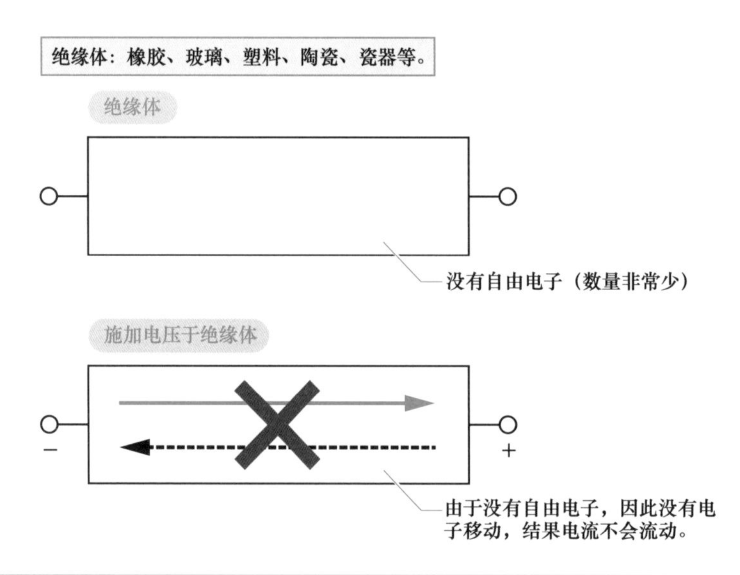

图 2-2-2　绝缘体中没有自由电子

要理解半导体，必须明确区分“电子”和“自由电子”。因此，我们从头开始对“自由电子”这个术语进行了解释。

亲爱的读者们，你们能否在这里理解电子和自由电子之间的区别呢？虽然我觉得可能还不太清楚，但继续阅读后你们一定会理解的。

2-3 什么是半导体？ 导体和绝缘体的中间

半导体的自由电子数量介于导体和绝缘体之间，但通常讨论物质的电导率时会用电阻的大小来表示。因此，半导体被认为是电阻介于导体和绝缘体之间的材料。

半导体在自由电子数量和电阻方面都处于导体和绝缘体之间

关于半导体的名称，它被称为“半分导体”，因此可能会让人感到有点难以理解。

半导体是将输入的电流传导一半吗？或者说，它一半是导体，一半是绝缘体吗？这就是大致的情况。

半导体的英文表达是“Semiconductor”。“Semi”在英语中意为半分或近似等。体育比赛的决赛称为“Final”，而半决赛则是“Semifinal”。

因此，个人认为，“Semiconductor”翻译为“准导体”可能更容易理解。

正如前文所述，电导率取决于自由电子的数量，这一点已经阐述清楚。从这个自由电子数量的角度来看，半导体的自由电子数量介于导体和绝缘体之间。

然而，通常情况下，我们讨论物质的电导率时会使用电阻的大小来表示。如果用电阻来表示电流的流动性，那么电阻较大的物质通常意味着自由电子数量较少，而电阻较小的物质通常意味着自由电子数量较多。

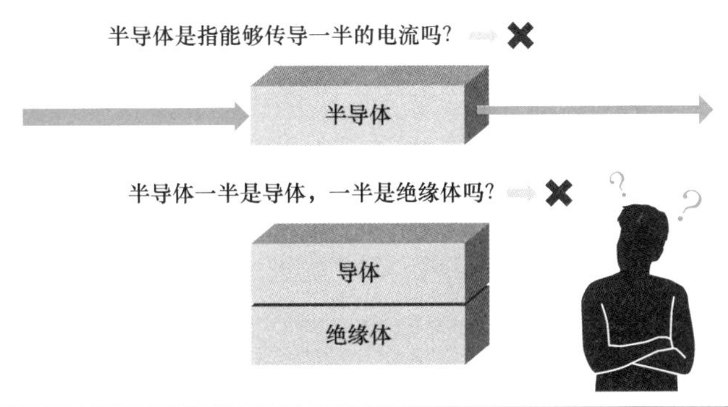

图 2-3-1　半导体是什么？从半导体一词的含义来看

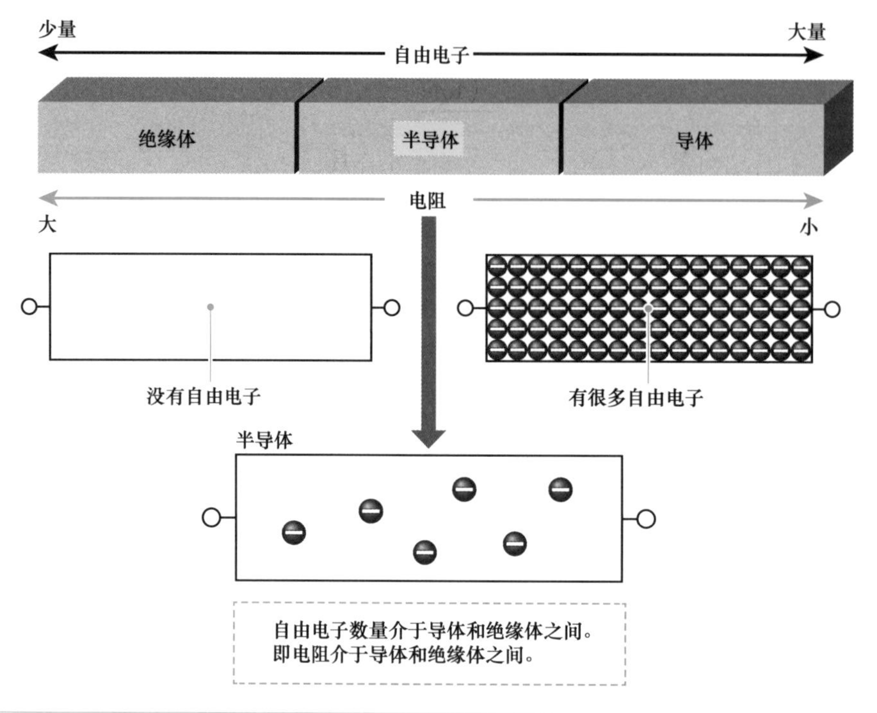

图 2-3-2 半导体的自由电子数量介于绝缘体和导体之间

因此，从电流的导通性来看，半导体可以看作是导电性较好的导体和不导电的绝缘体之间的一种材料，即具备电阻介于导体和绝缘体之间的性质。

电流的基本单位电荷是什么？

本书中所提到的电荷是指电子等物质带的电量。

电荷是指物质所带的电量，是所有电现象的基础，包括静电现象。在本书中，电荷是指电子等（后面我们要讨论的空穴也具有电荷）带有的电量。因此，电流是指带有电荷的众多电子在物质（如金属等）的导体中移动。

在这里，我们将解释基本的电荷概念，而不仅仅局限于半导体。电荷有正电荷（带正电）和负电荷（带负电）之分。正电荷和负电荷之间会产生相互吸引的力，就像磁铁的 N 极和 S 极相互吸引一样，同性电荷会相互排斥，而异性电荷会相互吸引。

在我们之前用于解释自由电子的“硅原子结构”中，也存在完全相同的作用力。也就是说，原子核带有正电荷（+电荷），而电子带有负电荷（-电荷），因此电子之间会受到与原子核之间相互吸引的力，电子将受到束缚而无法移动。

吸引力或排斥力的强度取决于正电荷和负电荷之间的距离，距离越近，力就越强（与距离的平方成正比）。这种相互作用力被称为“库伦力”。值得注意的是，电荷（电量）的单位是库仑［C］，1 库仑（1C）被定义为“1 安培的电流流过时，1 秒钟内在导线横截面上通过的电量”。

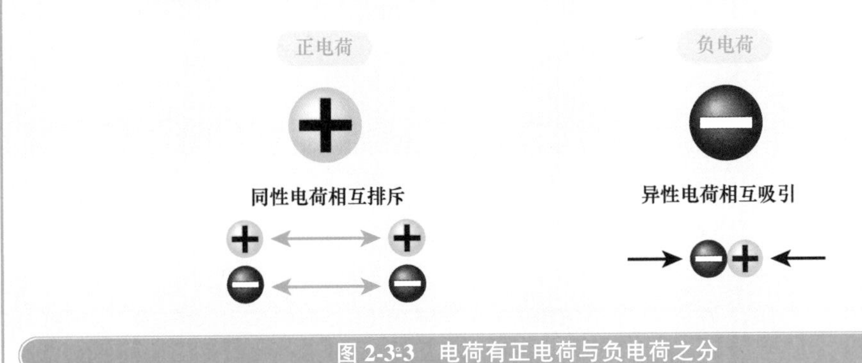

图 2-3-3 电荷有正电荷与负电荷之分

2-4 物质的电阻与自由电子的关系是什么？

半导体的电阻大意味着自由电子容易与物质中的原子碰撞，受到阻碍，电流不容易流动。相反，电阻小意味着相对于原子，自由电子数量较多，碰撞较少，电流更容易流动。

自由电子与原子碰撞会产生热量和光线

电阻大意味着物质中的自由电子数量较少，这意味着自由电子在导体物质中与原子碰撞，受到阻碍，难以移动，从而导致电流难以流动。

相反，电阻小意味着相对于导体物质中的原子，自由电子数量较多，因此碰撞较少，电流可以更顺畅地流动。

当与自由电子相比较，导体物质中的原子较多时，会发生较多的碰撞，从而产生热量和光线。

例如，用于电热器的镍铬合金丝具有较大的电阻，就是有意图地通过较大的电阻产生热量并加以利用。同样，灯泡的灯丝也是基于近似的原因产生光线。

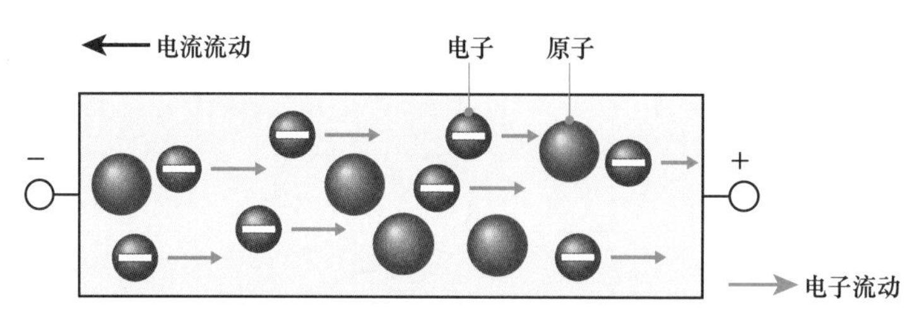

在导体中的电子，自由电子受到电压驱动而流动

自由电子数量较多时，与物质中的原子碰撞的概率减小，它们能够更顺畅地移动，电阻变小。

图 2-4-1 物质中的自由电子与原子碰撞形成电阻

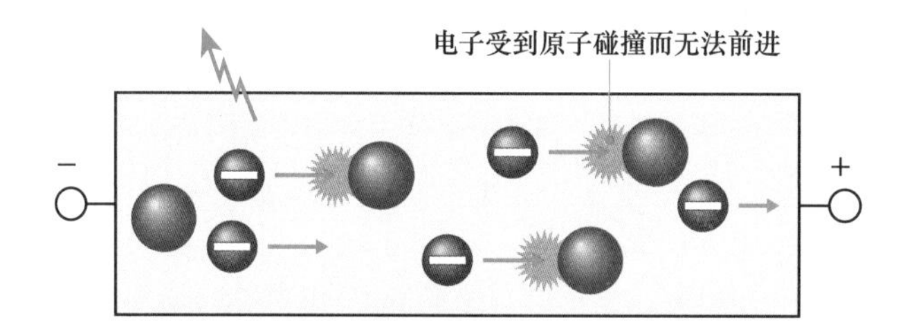

自由电子数量较少时，与物质中的原子碰撞的机会增加，电阻变大。碰撞的自由电子会将能量转化为热和光，失去其速度并停止。

图 2-4-2 原子与自由电子碰撞会产生热和光能量

物质的电阻率

物质的电阻大小实际上是用电阻率来表示的。即使是相同的物质，如果长度较长，电阻将成正比例增加，如果横截面积较大，电阻将成反比例减小，因此仅凭电阻无法完全描述材料的特性。

为了使电阻的表示方式不受物质的长度和横截面积等因素影响，我们使用（单位横截面积/单位长度的）电阻率。

材料的电阻率范围很广，绝缘体的电阻率约为 $10^{18} \sim 10^{8}\,\Omega\text{cm}$，导体的电阻率约为 $10^{-4} \sim 10^{-8}\,\Omega\text{cm}$，而半导体的电阻率介于这两者之间，约为 $10^{8} \sim 10^{-4}\,\Omega\text{cm}$。

因此，半导体的电阻位于导体和绝缘体之间，电阻率范围广泛，约为 10^{13}数量级，表现为中等电阻性。

硅和锗正是电阻率位于中间的半导体材料。锗是最早用于晶体管的半导体材料，但由于半导体技术的进步，性能出色且适用于集成电路的硅半导体问世后，替代了锗的角色。

值得一提的是，回顾锗晶体管的发展历史，1947 年，美国的巴丁（Bardeen）和布拉坦（Brattain）等发明了点接触型锗晶体管，然后在 1951 年，美国的肖克利（Shockley）改进了结型锗晶体管，使晶体管真正实现了实用化。

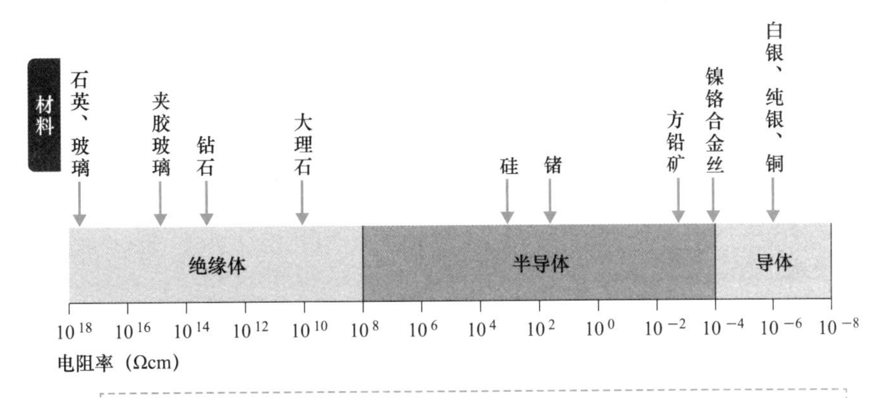
材料
石英、玻璃
夹胶玻璃
钻石
大理石
硅
锗
方铅矿
镍铬合金丝
白银、纯银、铜
绝缘体
半导体
导体
10^{18} 10^{16} 10^{14} 10^{12} 10^{10} 10^{8} 10^{6} 10^{4} 10^{2} 10^{0} 10^{-2} 10^{-4} 10^{-6} 10^{-8}
电阻率（Ωcm）
电阻率（Ωcm）= 电阻R（Ω）×[截面积S（cm^2）/ 长度L（cm）]。Ω（欧姆）是电阻的单位，当对物体施加1V的电压并且1A的电流流过时，我们称物体的电阻为1Ω。

图 2-4-3　导体、半导体和绝缘体的电阻率

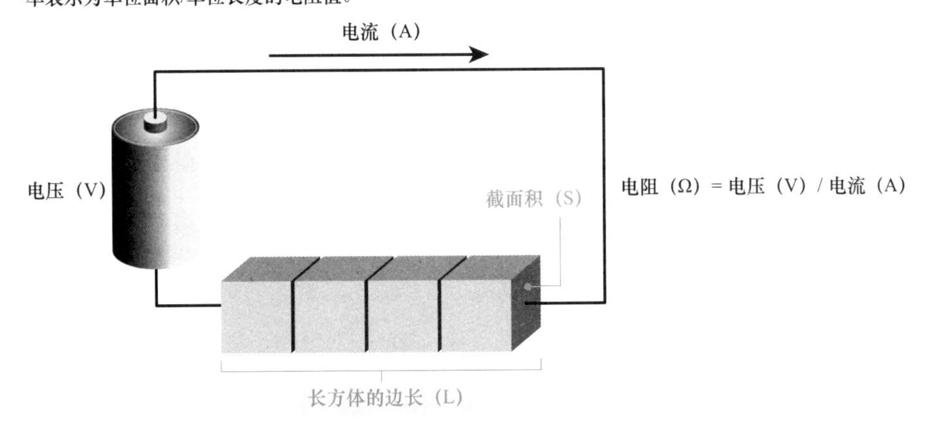
如果一个边长为1cm的立方体的电阻为1Ω，那么它的电阻率为1Ωcm，电阻率表示为单位面积/单位长度的电阻值。
电流（A）
电压（V）
截面积（S）
电阻（Ω）= 电压（V）/ 电流（A）
长方体的边长（L）
电阻率ρ（Ωcm）= 电阻R（Ω）×（截面积S（cm^2）/ 长度L（cm））
这个图中的长方体具有R = 4Ω，S/L = 1/4，因此ρ = 1Ωcm，与单个立方体相同。

图 2-4-4　电阻率是单位面积/单位长度的电阻值

2-5 半导体的特性是电阻率会发生变化

半导体的特性是通过向半导体中添加杂质，电阻率从绝缘体向导体的状态发生变化。这是因为杂质掺入半导体物质中，增加了自由电子数量，将半导体变成了电流更容易流动的导体。

通过向硅晶圆的特定区域添加杂质，将其转变为导体

半导体是一种电阻介于导体和绝缘体之间的物质。然而，仅仅因为电阻介于中间，并不足以满足半导体的条件。

例如，纯水不导电，但添加盐后的盐水会导电。然而，即使电阻介于导体和绝缘体之间，也不能成为半导体材料。

在电子产业中，半导体的最大特性是通过向半导体中添加杂质，将电阻从接近绝缘体的状态改变为接近导体的状态。

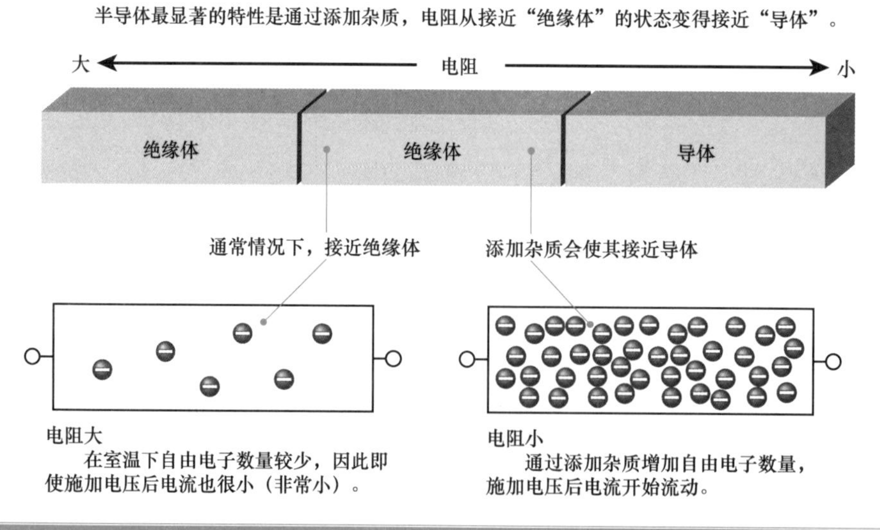

图 2-5-1　半导体的特性

这是因为杂质进入半导体材料中增加了自由电子数量，使其变为导电材料。作为电子元件的半导体通过向半导体材料（例如硅晶圆等）的特定区域添加杂质，创建不同

性质的区域并加以利用。这就是为什么半导体可以制造超级电子元件，即集成电路的原因。

集成电路上的半导体电子元件，如二极管和晶体管，其内部结构是向半导体中特定区域添加杂质形成的 PN 结。这个 PN 结对二极管和晶体管的基本操作至关重要。

因此，半导体是一种在绝缘体内通过添加杂质可以创建导体区域（PN 结区域）的材料，也就是说，它可以成为集成电路（IC、LSI）的基础。

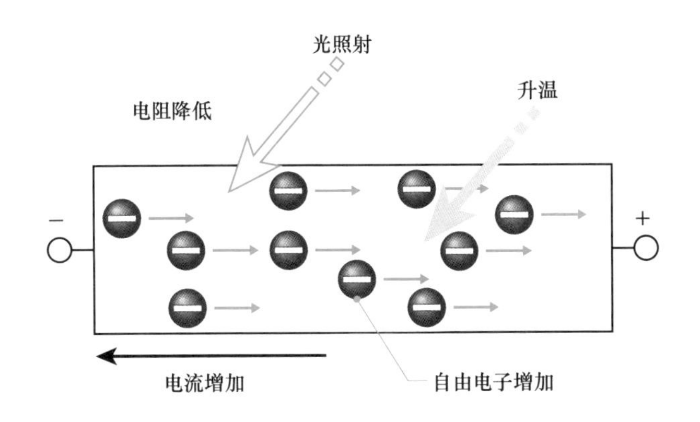

通过获得温度升高或光照射的能量，自由电子在材料中更容易移动，电流增大（电阻减小）。

图 2-5-2　半导体的电阻还受温度和光的影响

保护半导体免受光的影响

迄今为止，我们已经解释了半导体的电阻减小是由于温度上升和杂质添加引起的，此外当光照射到半导体上时，电阻也会减小。

这会成为电子电路中的漏电流（本来不应有电流流过的路径上的泄漏电流）导致性能问题的原因之一。

半导体封装通常使用黑色树脂或陶瓷等材料覆盖在芯片上，以防止光的影响。

值得注意的是，封装材料包括树脂材料、硬化剂、充填剂等，性能上需要保证与硅芯片或基板材料的粘附性、耐热性、散热性、热膨胀系数等一致或接近。

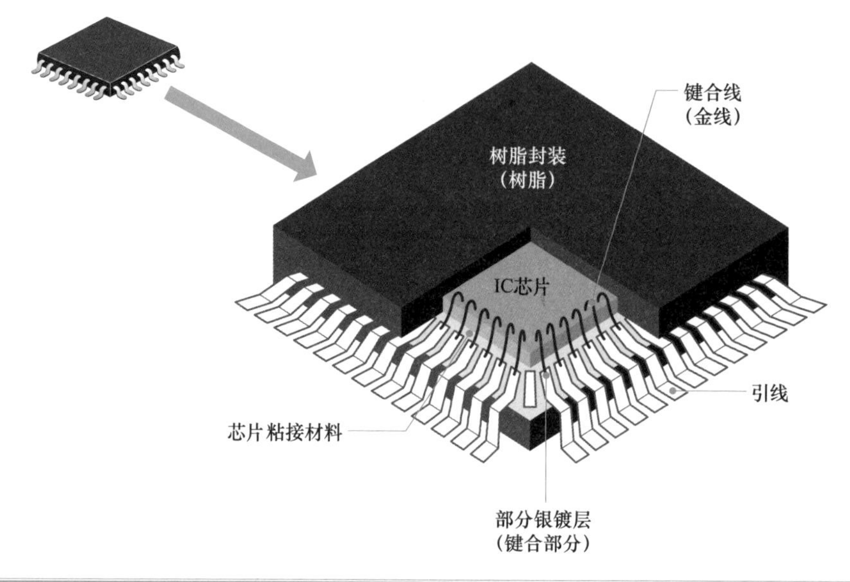

图 2-5-3 封装内部的基本结构

2-6 为什么要用硅制造半导体材料?

使用硅作为半导体材料的原因在于，硅是地壳中第二丰富的元素，容易获取且成本低廉，而且可以轻松制备出用于 MOS 场效应晶体管结构的高质量绝缘膜，这对半导体制造至关重要。

硅晶圆的纯度可达到 99.999999999%（11 个 9）

半导体材料硅（Si）是地壳中第二丰富的元素（占地壳总质量约 28.2%的比例，仅次于氧元素，占 46.4%）。硅构成了土壤、沙土和石头的主要成分。

然而，硅是与氧结合存在的，大部分以二氧化硅（SiO_2，又称硅石）的形式存在，其中高纯度的被用作半导体硅的原料。基于这种材料制造的是用于集成电路（IC、LSI）的半导体基板，称为硅晶圆。

硅晶圆的制造首先涉及将硅石溶解以制成 98%纯度的金属硅，然后制成多晶硅。半导体材料要求在此阶段的纯度为 99.999999999%（11 个 9）。

接下来将多晶硅碎块在石英坩埚中熔融，将悬挂在钢丝上的硅单晶小片（称为“籽晶”）接触到硅熔液中，慢慢旋转并用钢丝逐渐提升，最终凝固成硅单晶，形成硅晶锭。

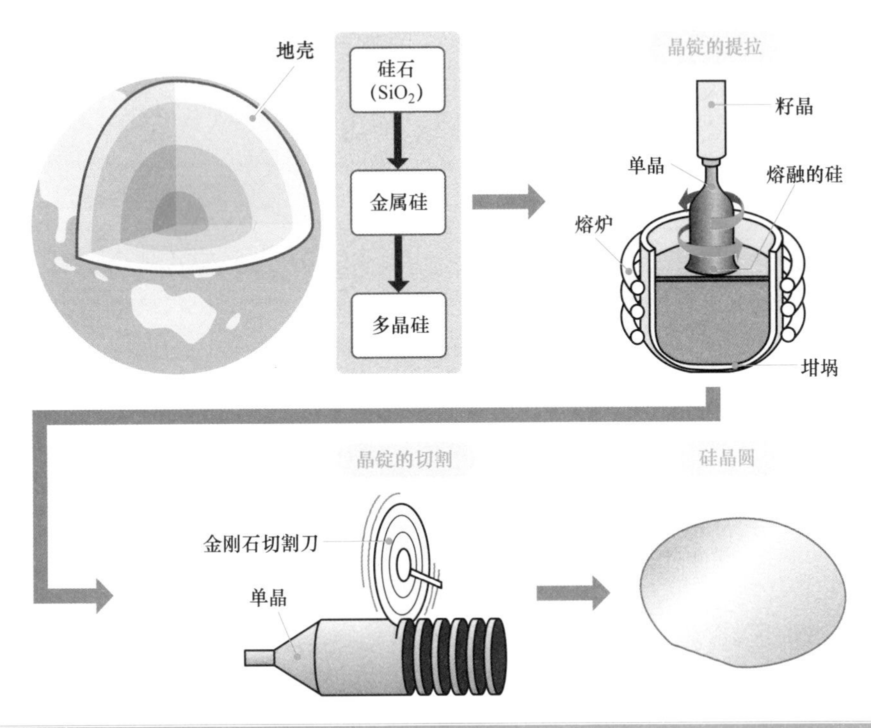

图 2-6-1 半导体材料硅来自地壳中的硅元素

硅晶锭的切割通过使用特殊的切割工具，逐一将其切割为晶圆。晶圆分离后，需要通过机械和化学研磨来加工表面，制成适用于半导体的硅晶圆。

此外，硅被用作半导体材料的原因之一是，可以通过形成氧化膜（SiO_2）轻松生成半导体元件结构中必需的绝缘膜。

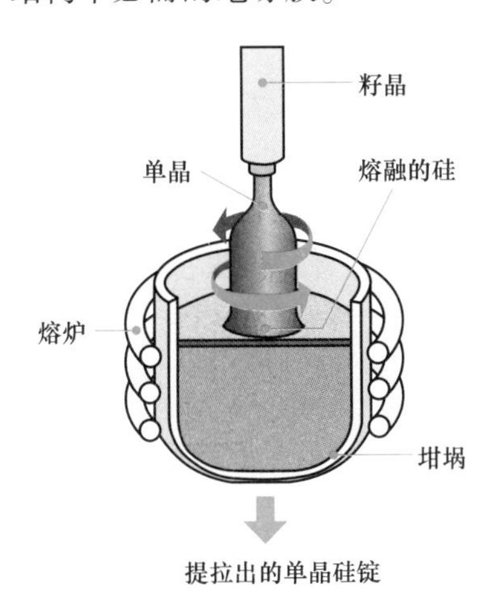

通常情况下，将杂质（掺杂剂）与多晶硅混合并熔融，制备N型或P型的晶体锭。经过切割和抛光的晶圆将满足客户的需求，成为N型或P型半导体的硅晶圆。

图 2-6-2 提拉法制备晶体硅锭

仅当高质量的绝缘膜生成时，MOS 场效应晶体管（MOSFET）才得以诞生，从双极型晶体管时代迈入了 MOSFET 时代。关于硅氧化膜的作用，将在涉及 MOSFET 的章节中详细讨论。

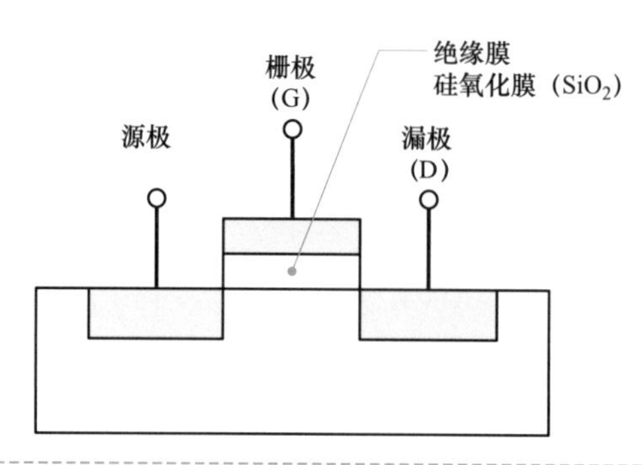

这是半导体元件的MOS场效应晶体管结构示意图（横截面）。绝缘膜发挥着重要作用。

图 2-6-3 MOS 场效应晶体管结构

2-7 从基本开始了解硅，硅的原子结构是什么？

原子由原子核和围绕其运动的电子组成。原子核由带有正电荷的质子和不带电荷的中子组成，而原子核周围有与原子序数相同数量的电子围绕着电子轨道运动。

硅（Si）的原子编号为 14，因此它具有 14 个电子

图 2-7-1 显示了硅原子的结构。构成物质的基本成分是元素。元素从氢（原子编号 1 号）和锂（原子编号 2 号）开始，超过 100 种。所有元素由原子核和电子组成。

在原子核周围，有与其原子序数相同数量的电子，它们受原子核的吸引而绑定在电子轨道上运动。这些电子不能自由移动（它们不是自由电子）。

在电子轨道上，靠近原子核的电子称为内层电子。另外，绕外部轨道运动的电子具有相对较弱的束缚力，被称为最外层电子。这些最外层电子被称为价电子，它们决定了物质的性质，对原子的结合（=分子）产生重大影响。

在图 2-7-1 中，电子轨道位于原子核附近，但实际的原子半径直到最外层电子的半径比原子核半径大一万倍以上。因此，距离原子核最远的最外层电子之间的相互吸引力也较弱，在某些条件下，最外层电子可能脱离原子自由移动，即成为自由电子。

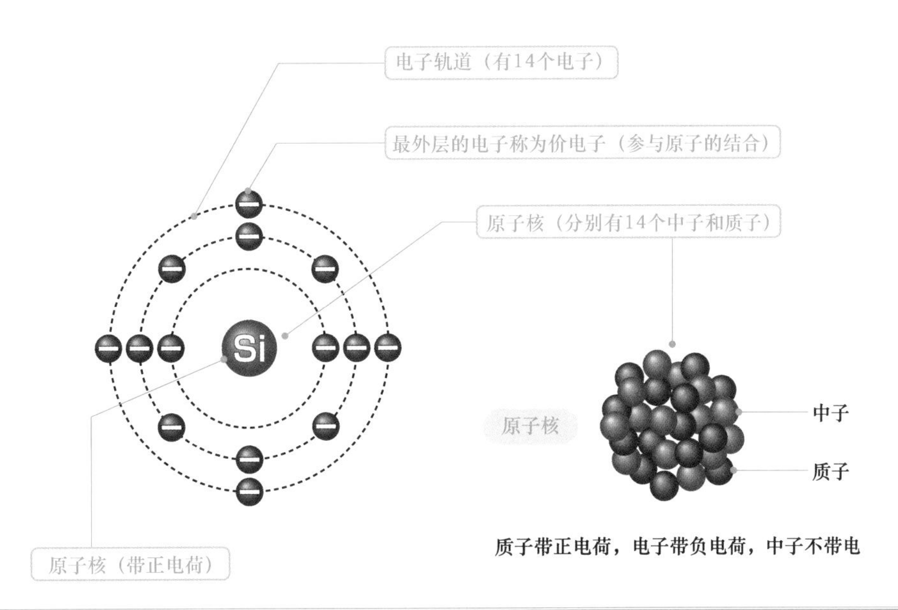

图 2-7-1　硅原子的结构

值得注意的是，原子核与电子轨道之间的关系常常用太阳系和行星轨道类比，但实际上有很大的不同。太阳系行星的轨道可以精确确定，但电子轨道只能表示电子可能存在的区域，即电子存在的概率范围。

从周期表看半导体材料

图 2-7-2 是周期表的一部分。硅（Si）的原子序数是 14，因此它有 14 个电子。此外，最外层电子数为 4，因此属于Ⅳ主族。

Ⅱ	Ⅲ	Ⅳ	Ⅴ	Ⅵ
	5B	C	7N	8O
	13 Al	14 Si	15 P	16 S
30 Zn	31 Ga	32 Ge	33 As	34 Se
48 Cd	49 In	50 Sn	51 Sb	52 Te

□ 部分主要用于单质半导体。

Si ························· 单质半导体
GaAs、GaN ·········· 化合物半导体（Ⅲ~Ⅴ主族）
SiC ······················ 化合物半导体（Ⅳ主族）

图 2-7-2　元素周期表（仅显示与半导体相关的部分）

与碳（C）位于同一列的硅（Si）、锗（Ge）和锡（Sn）都有 4 个最外层电子，属于Ⅳ主族，性质非常相似。

Ⅳ主族的锗（Ge）和硅（Si）可构成单一元素半导体，称为单质半导体。与此相反，由两种或更多元素构成的半导体被称为化合物半导体。

化合物半导体包括砷化镓（GaAs）、氮化镓（GaN）和碳化硅（SiC）等。氮化镓等化合物半导体已经开始应用于高速信号处理，而碳化硅等化合物半导体已用于功率半导体等领域。

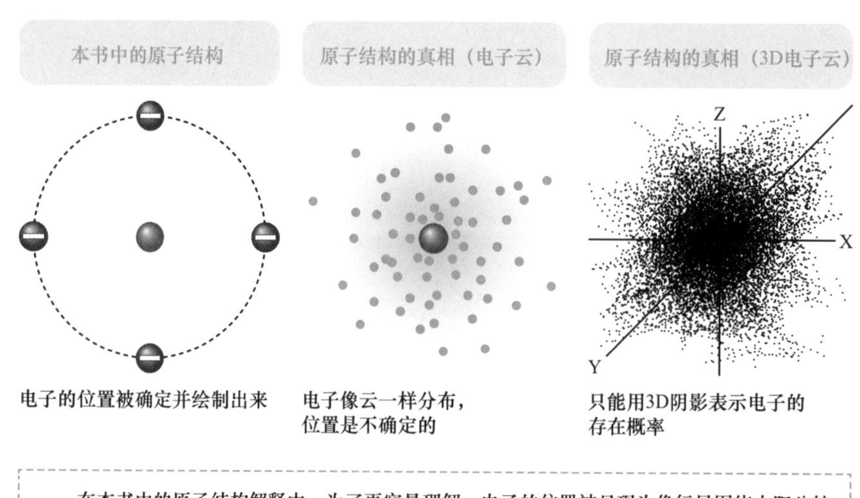
本书中的原子结构
原子结构的真相（电子云）
原子结构的真相（3D电子云）
Z
X
Y
电子的位置被确定并绘制出来
电子像云一样分布，
位置是不确定的
只能用3D阴影表示电子的
存在概率

在本书中的原子结构解释中，为了更容易理解，电子的位置被呈现为像行星围绕太阳公转的模型一样的图像。然而，实际上原子结构中的电子不是在轨道上运动的，而是以概率的方式位于某个位置。

图 2-7-3　原子结构的真相

2-8 如何从硅原子制造硅单晶?

硅单晶的 8 个价电子配置非常稳定，它们是被束缚在原子核周围的电子（不是自由电子），具有非常强的结合力，几乎不对导电有贡献（在原子的结合中，具有 8 个价电子是最稳定的状态）。

从硅原子到硅单晶

让我们跟随硅原子变成硅单晶的过程。

❶ 最外层电子（=价电子）有 4 个参与结合

硅的晶体结构类似于锗（Ge）、碳（C），和钻石具有相同的晶体结构，它们都非常稳定，呈现正四面体结构。位于最外层电子轨道的最外层电子（=价电子）有 4 个，是对原子结合有很大贡献的电子。

❷ 硅原子靠近相邻的硅原子

“图 2-8-1 从硅原子到硅晶体（A）”显示了硅原子靠近相邻的硅原子的情况。

❶最外层电子（=价电子）有4个参与结合

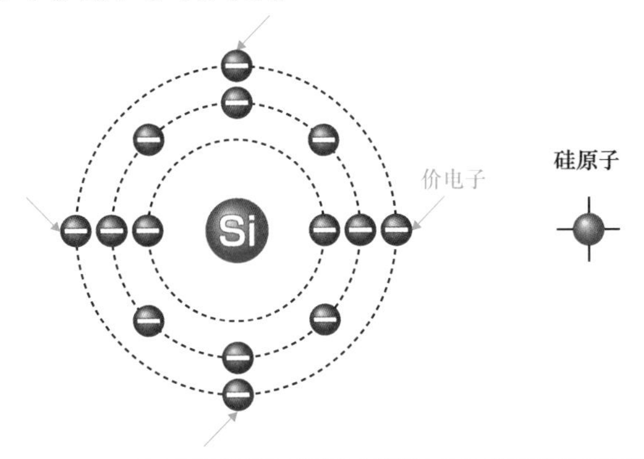

硅原子最外层的4个价电子容易与相邻硅原子的价电子结合。

❷硅原子靠近相邻的硅原子

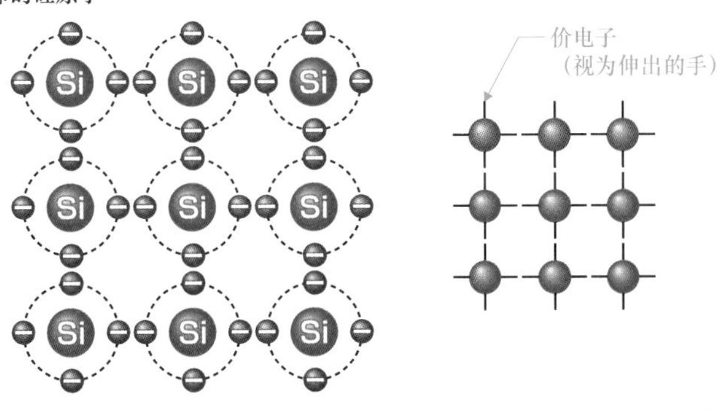

相邻的硅原子靠近时，它们的价电子互相“伸出手”。（省略了除价电子之外的内层电子）

图 2-8-1　从硅原子到硅晶体（A）

硅原子最外层的4个价电子具有与相邻硅原子的价电子容易结合的特性。因此，相邻硅原子的价电子如互相伸出手一样试图结合在一起，这样它们会逐渐靠近。如果将4个价电子视为原子伸出的手，这会更容易理解。

❸ 价电子像交叉的手臂一样结合形成硅晶体

“图2-8-2 从硅原子到硅晶体（B）”显示了价电子像交叉的手臂一样结合并形成硅晶体的情况。

硅原子互相伸出的手臂像交叉一样形成共价键（=两个原子共享各自的价电子形成的键），共享价电子，每个硅原子都在8个电子的状态下结合。

❸ 价电子像交叉的手臂一样结合形成硅晶体

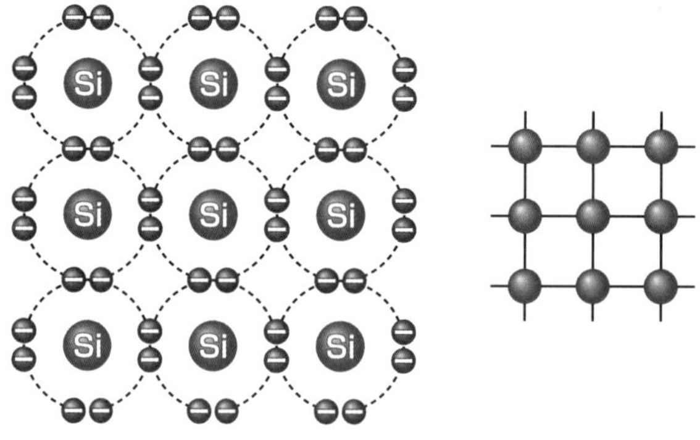

价电子（像伸出的手臂一样）交叉结合（共价键），形成硅晶体。每个硅原子都具有非常稳定的8个价电子。

❹ 形成硅单晶

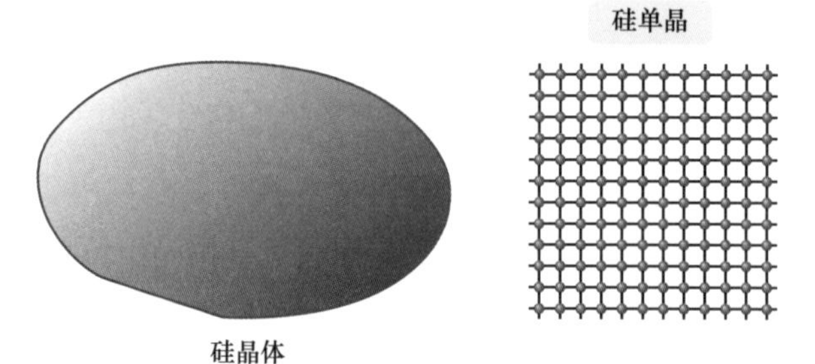

由于单晶的原子排列有规律，电流以一定的方向传导，显示出稳定的电学特性。

图2-8-2　从硅原子到硅晶体（B）

这种晶体状态是纯净的单晶硅，不包含任何杂质，既不是导体也不是绝缘体（本征半导体）。在这种情况下形成的晶体具有规则排列的单晶结构，对电流的阻碍较大，电阻率约为 $10^3\Omega cm$。

2-9 硅单晶、多晶和非晶的区别是什么?

硅的晶体状态除了包括单晶硅以外，还有多晶硅（聚硅）和没有规则排列结构、随机排列的非晶硅。

单晶硅、多晶硅和非晶硅的特性是什么?

多晶硅（polysilicon）和非晶硅（amorphous silicon）相对于单晶硅而言，能够在较低温度下比较容易地在玻璃基板上生成，但它们的电子迁移率（衡量电子移动容易程度的指标）相对较低，与单晶硅相比较小。

电子迁移率越大的硅晶体，电子的移动速度越快（处理速度更高)，可以制造出高性能的半导体。

值得注意的是，通常在集成电路（IC、LSI）中使用电子迁移率最大的单晶硅作为电路基板（硅晶圆)。

❶ 单晶硅

高纯度的单晶。其晶格（原子排列）在三维空间内非常有规律，结合非常坚固，拥有与钻石相同的晶体结构。

❷ 多晶硅（聚硅）

多晶硅介于单晶硅和非晶硅之间，由许多方向的单晶硅通过界面相接而集合在一起。电子迁移率在界面处会因电子散射而降低，相对于单晶硅而言较小，但远大于非晶硅。

它被用于驱动要求高性能的液晶/有机显示器的晶体管，也被用作太阳能电池板（需要注意的是，太阳能电池还有单晶和非晶硅的产品)。

❸ 非晶硅（amorphous silicon）

非晶指的是原子排列没有晶体结构般规律的固态状态。

通常，使用玻璃、耐热塑料等作为基板材料，在400℃以下生长得到非晶硅薄膜。由于硅原子没有均匀结合，电子的移动受到阻碍，电子迁移率极低。主要用于太阳能电池板(也用于廉价版液晶显示器)。

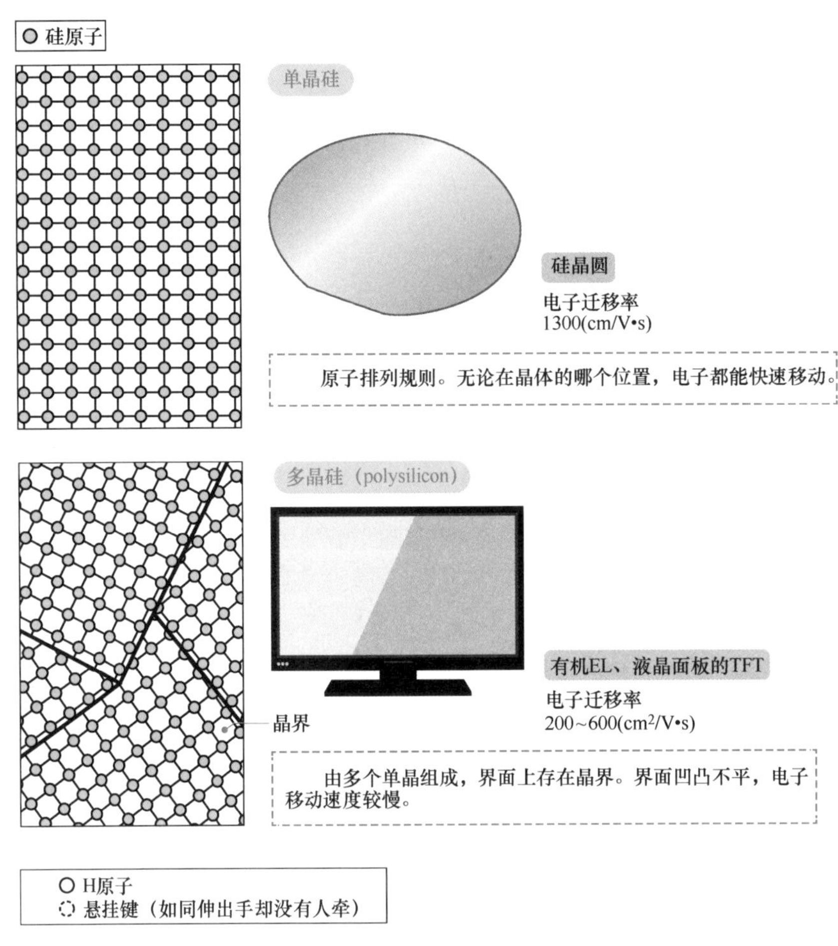
硅原子
单晶硅
硅晶圆
电子迁移率
1300(cm/V•s)
原子排列规则。无论在晶体的哪个位置，电子都能快速移动。
多晶硅（polysilicon）
有机EL、液晶面板的TFT
电子迁移率
200~600(cm2/V•s)
晶界
由多个单晶组成，界面上存在晶界。界面凹凸不平，电子移动速度较慢。
H原子
悬挂键（如同伸出手却没有人牵）

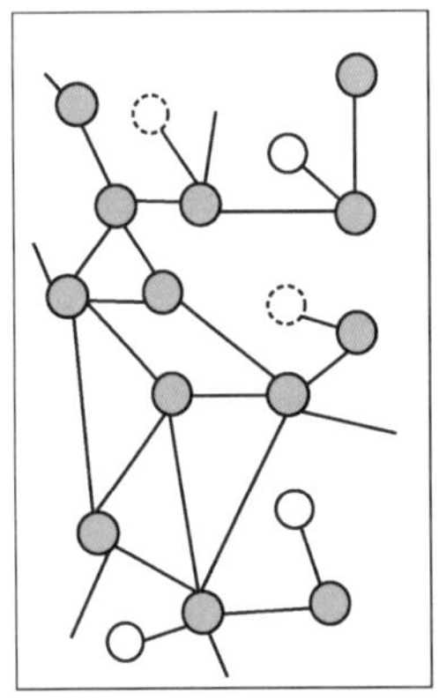

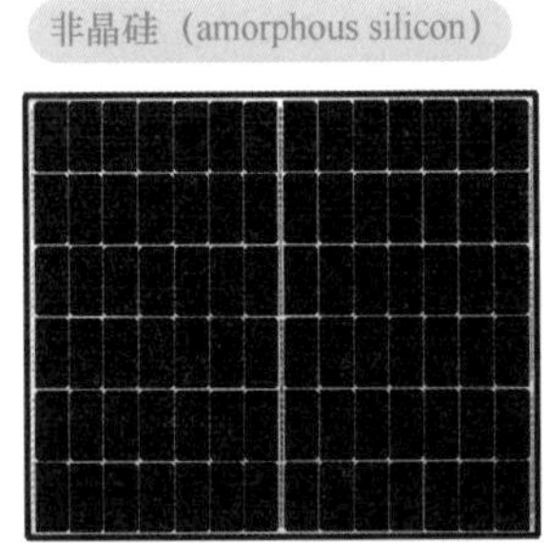
非晶硅（amorphous silicon）
太阳能电池板
电子迁移率
0.5~2(cm2/V•s)
硅（Si）未完全结合。表面凹凸不平，电子流动困难，速度非常慢。

图 2-9-1　硅晶体状态（单晶、多晶、非晶）

电子迁移率（Electron Mobility）代表什么？

电子迁移率是指电子在物质中受到电场作用时的移动能力。这表示了电子在外加电场下的速度。

如果用电子迁移率 μ 和电场 E 表示，电子的速度 V 可以表示为：

$$V[\mathrm{cm/s}]=\mu[\mathrm{cm^2/V\cdot s}]\cdot E[\mathrm{V/cm}]$$

速度 V 与电子迁移率 μ 和电场 E 的大小成正比。这意味着随着电子迁移率的增大，集成电路（IC）和大规模集成电路（LSI）的处理速度也会增大。因此，电子迁移率是决定电子设备性能的重要物理量。

在半导体中，除了电子外，空穴也带有电荷（+），对电流有贡献，因此，除了电子迁移率外，还需要确定空穴迁移率。

用本章（硅晶体）中的电子迁移率性能来比喻的话，可以将其类比为人类或汽车等的移动速度（时速），其中单晶硅类似于飞机，多晶硅类似于汽车，非晶硅则类似于步行。

2-10 硅原子和能带结构

在电子能带结构图中，从电子能量较高到较低的部分，有导带（Conduction Band）、禁带（Forbidden Band）、价带（Valence Band）。

那么，在硅原子轨道的描述中，似乎没有提到导带，它究竟在哪里呢？

在迄今为止的硅原子结构描述中，我们只解释了硅原子的最外层轨道是价带，并没有解释禁带和导带。

那么，禁带和导带是什么？它们位于何处？

首先，让我们从禁带的解释开始。硅原子核周围的电子轨道并不会出现在任意距离上，而是有一个能量间隙来定义电子轨道。禁带就是电子不能存在的区域。

接下来，虽然在硅原子结构的描述中没有提到导带，但实际上，除了第三层电子轨道（价带）之外，还存在第四层电子轨道。通常情况下，这是一个没有电子存在的空轨道，在低温条件下电子也不存在于其中。

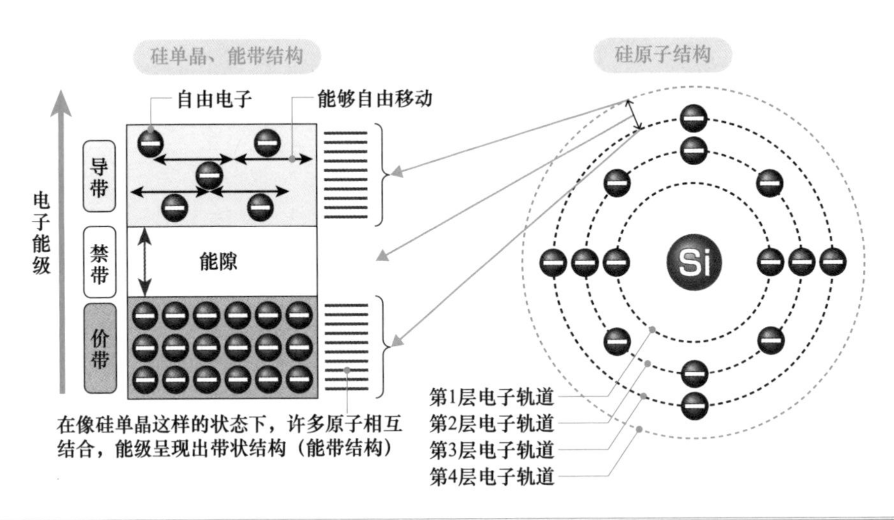

图 2-10-1　硅原子结构和能带结构

因此，通常的硅原子结构图中并没有描绘第四层电子轨道（导带）。

然而，位于最外层轨道的电子与通常的电子相比，距离原子核较远，因此受到的束缚相对较弱。在升高温度（热能）或光照射等特殊条件下，尤其是在添加杂质的情况下，这些最外层轨道上的电子可以跃迁到通常位置之外的轨道，成为自由电子。从最外层轨道跃迁出来的电子会移动到新的电子轨道。因此，这个空轨道可以允许电子存在。

这个电子轨道就是导带（Conduction Band）。我们之前解释了位于导带中的自由电子数量对电阻的变化（电流的流动性）产生重要影响，而这个导带正是位于禁带之外的最外层轨道。

新生成的第 4 层电子轨道将成为导带

在图 2-10-1 中的硅原子结构中，通常只有第 1 层到第 3 层电子轨道允许电子存在。然而，正如前面所述，根据一定条件，第 3 层电子轨道（外层电子轨道：价带）中的电子可以跃迁到外部电子轨道。这种跃迁到外部轨道的过程就形成了第 4 层电子轨道上的自由电子，也就是导带。

在原子结构中，电子轨道之间存在着电子无法存在的间隙，这被称为能隙。当然，第 3 层轨道和第 4 层轨道之间也存在着能隙。

在像硅单晶这样原子聚集的晶体状态下，受到相邻原子的引力影响，许多电子轨道会彼此重叠，能级的轨道宽度扩展，电子轨道呈带状结构。这就是图 2-10-1 中所示的硅单晶

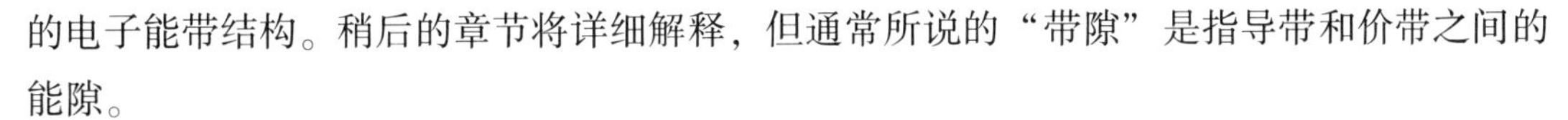

的电子能带结构。稍后的章节将详细解释，但通常所说的“带隙”是指导带和价带之间的能隙。

需要注意的是，在这里我们讨论了硅单晶的情况，其实对于导体和绝缘体的能带结构也可以采用同样的方式进行解释。

当许多原子聚集在一起时，会形成带状（能带）结构

如果只有一个原子，导带和价带可以分别用一条线表示。但是，对于只有一个原子的情况，实际上并不存在能带结构，因此也许更准确的说法是导电子和价电子存在于一定能量级别（能级）上。

能级会随着原子的结合而分裂，因此当两个原子结合时，能级也会分裂成两个。当三个原子结合时，其能级也会分裂成三个。因此，当原子数量变为 N 个时，能级将分裂为 N 个。

在大量原子、单晶的情况下，由于有无数个原子相互结合，因此将会存在大量的能级。像硅单晶这种固体的能级将呈现出类似带状（能带）的形式。

图 2-10-2 正是回答了读者们一直感到疑惑的“这个能带结构图是从哪里来的?”的问题。

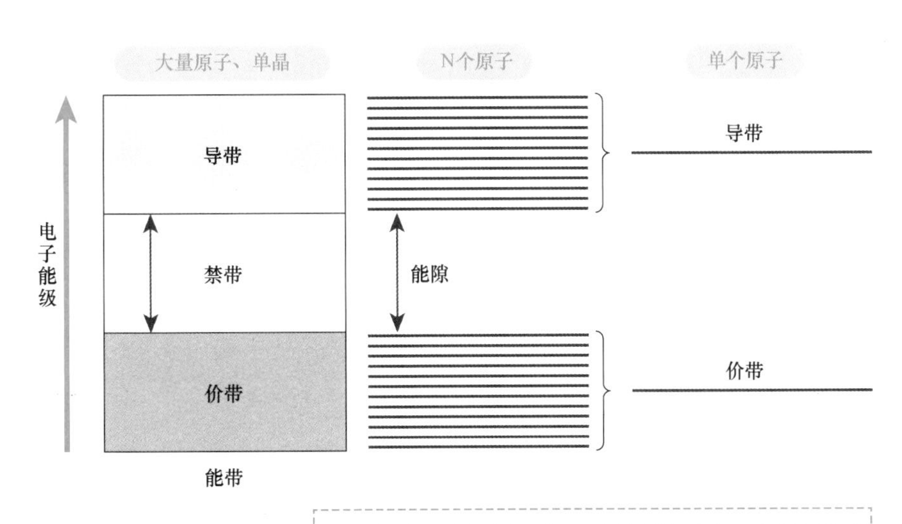

图 2-10-2　单个硅原子、N 个硅原子和单晶的能带结构

2-11 导体、半导体和绝缘体的能带结构

迄今为止，我们已经解释了导体、绝缘体和半导体的区别在于导带中自由电子的数量。但是，从本节开始，我们将通过能带结构，即基于电子能量的能带结构，来解释导体、绝缘体和半导体之间的差异。

硅的能带结构由带隙决定

能带结构是一种对物质（尤其是晶体）中电子能量状态的概括表达，它将电子的状态分为三个能带，包括自由电子可以自由移动的导带，完全被电子占据但所有电子都受到束缚无法移动的价带，以及导带和价带之间电子不能存在的禁带。

然后，禁带的宽度称为能带间隙（带隙），它因物质而异。这个带隙决定了导体、绝缘体和半导体的性质，是它们的基础。

导体、绝缘体、半导体

另外，电子能量随着与原子核的距离增大而增大（在能带结构图中，能量随着位置上升）。

❶ 导体的能带结构

在图 2-11-1 中，导体的能带结构要么没有带隙，要么价带和导带重叠在一起。

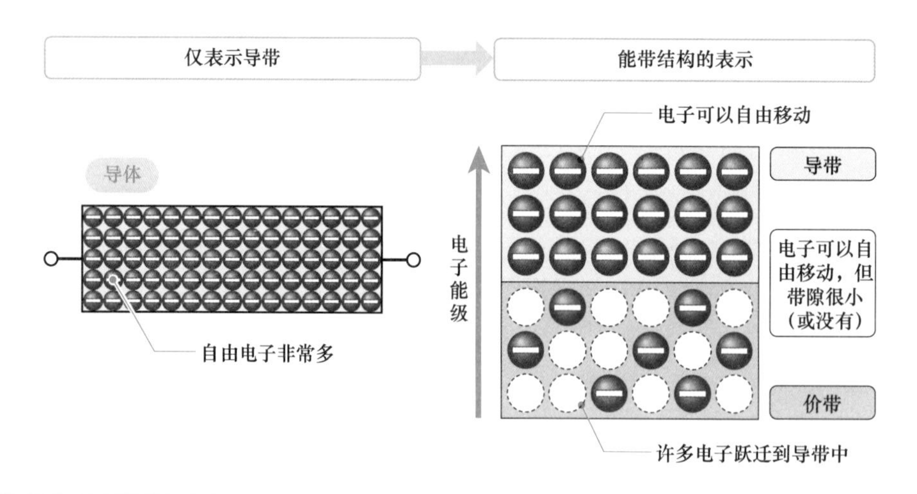

图 2-11-1　导体的能带结构

因此，室温下电子很容易被热能激发，许多电子能够从价带跃迁到导带，导带中存在许多自由电子。因此，通过施加电压，自由电子会移动并形成电流。

❷ 绝缘体的能带结构

在图 2-11-2 中，绝缘体的带隙非常大，价带中的电子无法跃迁到导带，导带中没有自由电子。因此，即使施加电压，也不会形成电流。

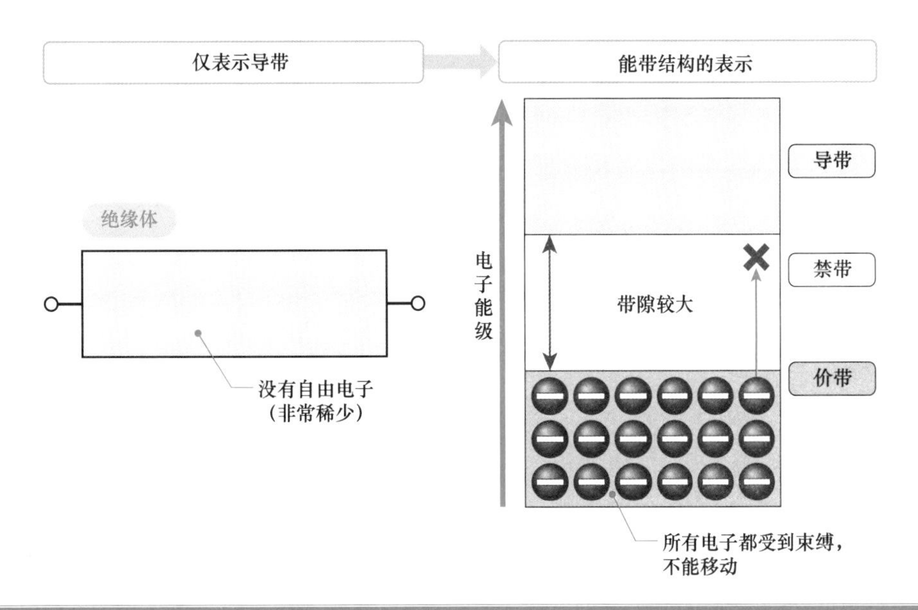

图 2-11-2　绝缘体的能带结构

❸ 半导体的能带结构

在图 2-11-3 中，半导体的带隙介于导体和绝缘体之间，其宽度不如绝缘体那么大。

如左图所示，半导体中存在着少量的自由电子。到目前为止，我们已经解释了即使在常温下，也会有自由电子存在，这是因为温度（热能）等因素使得电子存在于导带中。

这些自由电子是从哪里来的呢？这个解释可以通过能带结构来说明。基本上，价带中的所有电子都受到原子核的引力束缚。然而，通过温度（热能）等因素，一小部分电子成功地跃迁到了导带中。在绝缘体中由于带隙较大，电子无法跃迁到导带，而半导体中由于带隙介于导体和绝缘体之间，才有少量电子得以跃迁。

与价带中受束缚而无法移动的电子不同，这些电子跃迁到导带后，可以自由移动，结果，半导体表现出介于导体和绝缘体之间的导电性。

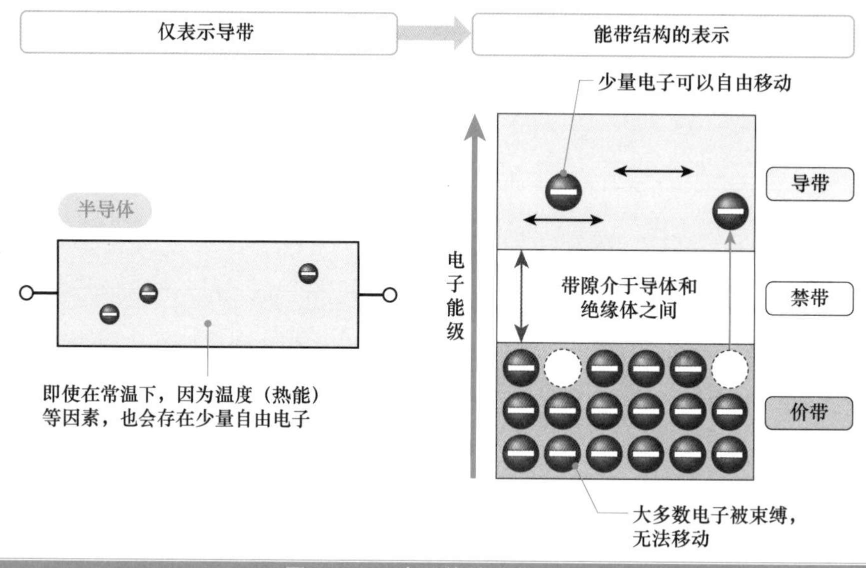

图 2-11-3　半导体的能带结构

2-12 添加杂质会使半导体变成导体

我们将解释为什么将杂质添加到接近绝缘体的半导体材料中会导致价带中的电子越过通常无法越过的带隙，跃迁至导带并成为自由电子，从而将半导体转变为导体。

本节将讨论本征半导体和掺杂半导体

本征半导体是指在从硅锭中提取出来，但尚未添加杂质之前的半导体材料（如硅锭），而添加了杂质的半导体材料在半导体制造工艺中被称为掺杂半导体。

通过将杂质添加到本征半导体中，掺杂半导体从绝缘体转变为导体

本征半导体的能带结构中，位于价带和导带之间的带隙（禁带宽度）较小，介于导体和绝缘体之间，因此，通过获得热能等方式，我们已经解释了本征半导体存在少量自由电子的情况。但这种导电性仍然接近绝缘体状态。然而，如果在常温下能够显著增加自由电子的数量，半导体就可以转变为导体。

❶ 半导体的杂质添加

通过向半导体材料（如硅锭）中添加杂质，可以显著增加自由电子的数量。通过添加杂质，价带中的电子可以越过带隙，成为导带中的多数自由电子，从而使半导体从绝缘体

转变为导体（自由电子可以移动=电流流动）。

可以将杂质的添加视为类似于给价带的电子提供额外能量的过程。

❷ 本征半导体的能带结构

本征半导体在温度升高（热能）或受到光照时，有少量电子存在于导带中，但在这里我们假设这些电子数量非常少，因此在图 2-12-1 中，并没有绘制自由电子在导带中的情况。

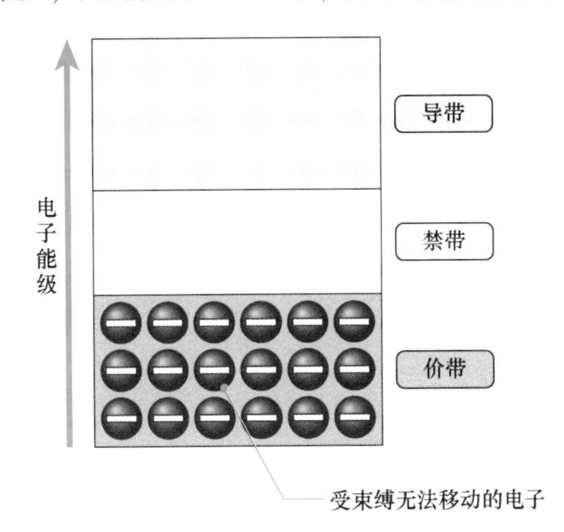

图 2-12-1　本征半导体的能带结构

❸ 掺杂半导体的能带结构

在掺杂半导体中，通过向本征半导体中添加杂质，价带中的电子被激发，跨越了禁带，进入了导带，成为自由移动的自由电子。

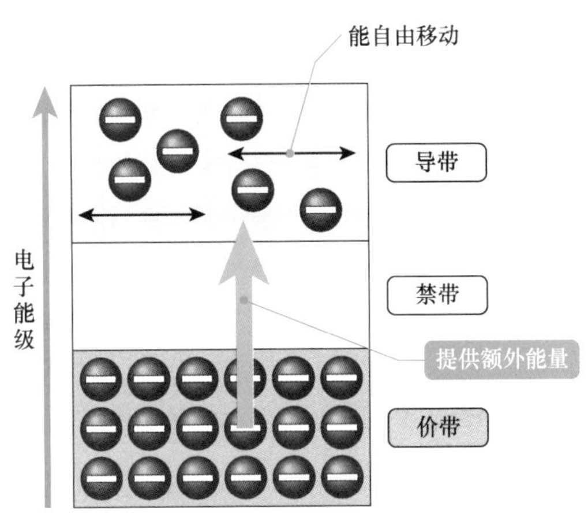

图 2-12-2　掺杂半导体的能带结构

❹ 从绝缘体到导体的转变

如图 2-12-3 所示，当在半导体材料的两端施加电压时，自由电子会向着+电压方向移动，形成电流。这就是从绝缘体到导体的转变。

虽然我们已经理解了通过杂质添加半导体可以从绝缘体变成导体，但总结一下，半导体与金属（导体）之间的两个主要区别如下：

（1）金属在其导带内本来就有大量自由电子，因此它们一直都是导体。

（2）半导体可以通过添加杂质从绝缘体变成导体。

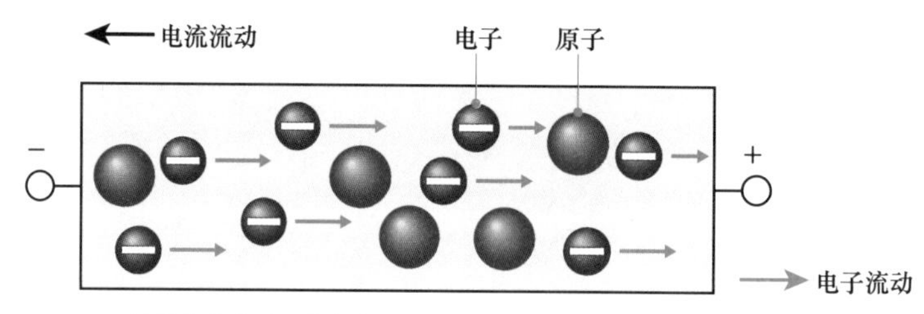

当在半导体材料的两端施加电压时，从价带跃迁到导带的多数自由电子会朝着+电压方向移动。这就是半导体从绝缘体变成导体的过程（在这里，图示中还包括了原子）。

图 2-12-3　施加电压时自由电子移动并形成电流

2-13 什么是 N 型半导体?

将本征半导体添加杂质后，根据杂质的种类，不同的掺杂半导体可以分为两种类型，即 N 型半导体和 P 型半导体。N 型半导体是指通过在本征半导体中添加杂质，如磷（P）或砷（As）等，而形成的半导体。

N 型半导体的晶体结构和从绝缘体到导体的转变

硅具有 4 个价电子，而磷（P）具有 5 个价电子。在硅单晶（本征半导体）中，相邻两个硅原子共享 8 个价电子，以形成稳定的晶体结构。

当微量的磷作为杂质被添加到硅单晶中时，磷会取代硅的一部分，从而形成新的含有杂质的硅半导体。

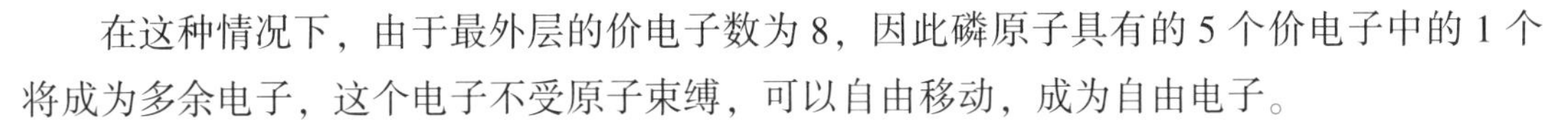

在这种情况下，由于最外层的价电子数为 8，因此磷原子具有的 5 个价电子中的 1 个将成为多余电子，这个电子不受原子束缚，可以自由移动，成为自由电子。

在图 2-13-1 的示例中，硅的 9 个原子中的 1 个被磷替代，因此在 9 个原子结构（8 个硅+1 个磷）中会产生 1 个自由电子。

未嵌入这个晶体结构的自由电子在施加电压时会寻找它们的去处，并移动到+电极，从而对导电产生贡献，使半导体从绝缘体变成导体（电阻减小）。

N 型半导体的名称源自电流的来源是电子（Electron）的事实。电子具有负（Negative）电荷，因此被称为 N 型半导体。

在实际的半导体制造中，添加杂质对自由电子传导的贡献会迅速使得电阻率从1/1000降至 1/10000，从而使半导体变成导体。

当然，如果添加的杂质量较多，自由电子的数量也会增加，因此掺杂半导体的电阻率也会相应降低。

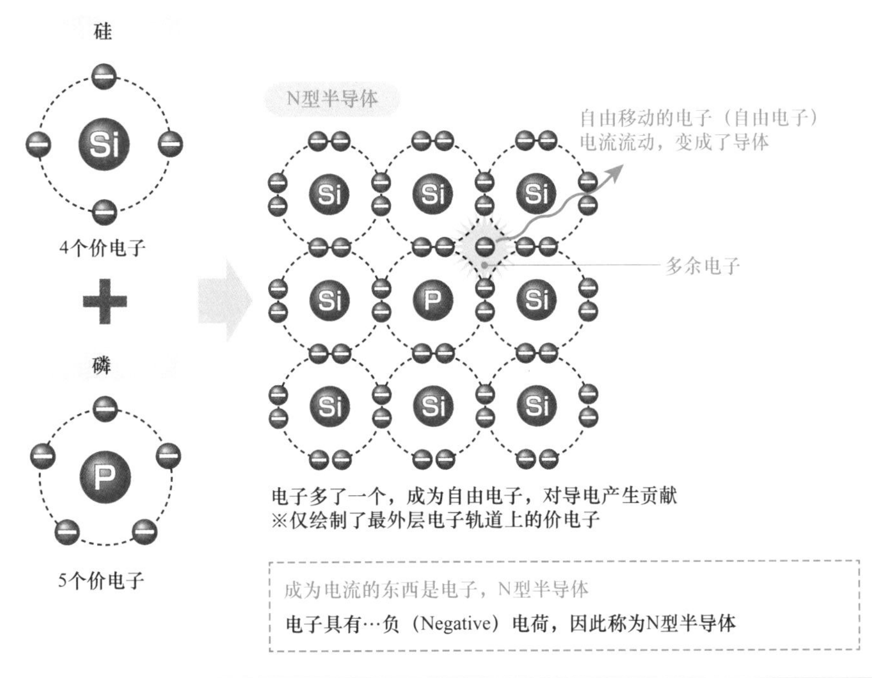

图 2-13-1　在本征半导体中添加微量的磷生成 N 型半导体

❶ 解释形成多余电子的情况，类比成抢椅子游戏

在 2-17 节中，我们解释了自由电子的形成过程，但在这里，我们将这个过程类比成抢椅子游戏来解释。

8个价电子形成了稳定的硅晶体结构。我们将这个过程类比为抢夺围绕原子核的8把椅子的游戏。如果只有硅，那么8把椅子已经被占满了。然而，由于添加了磷，会产生一个多余的电子，无法获得椅子。

这个多余的电子因为没有座位，会四处游荡，寻找空椅子。这就是变得可以自由移动的电子，也就是自由电子。

自由电子带有负电荷，因此当施加电压到物质（在这种情况下是硅）时，它们会向+电极移动。结果，物质中会产生电流，这意味着通过添加磷这种杂质，绝缘体变成了导体。

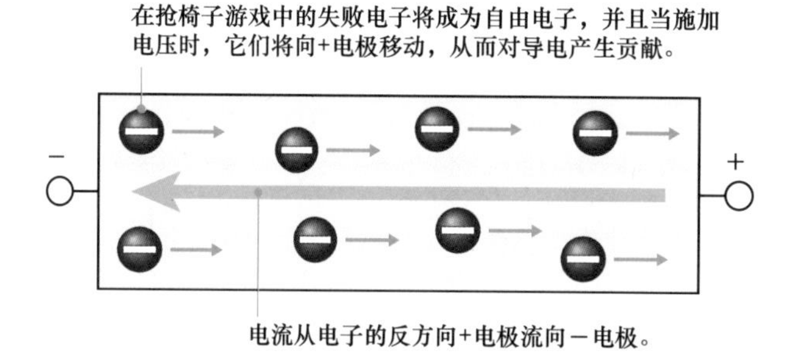

负责导电的自由电子和空穴因为携带电荷而被称为载流子。

图 2-13-2 电子如果能够自由移动，绝缘体将变为导体

❷ 对导电产生贡献的电子被称为载流子

对导电产生贡献的电子因其携带并传导电荷而被称为载流子。英文中载流子（Carrier）一词源于运输货物的车辆，如卡车或手推车，在这里可以将“载流子”视为搭载电子（电荷）的手推车。

简而言之，载流子是运输作为电流来源的电荷（电子）的粒子。重复一遍，正如之前所提到的，载流子是电子的半导体就是N型半导体。

值得一提的是，在半导体中，除了通过电子实现绝缘体到导体的转变之外，还可以通过空穴（Hole）实现导电状态（有关空穴的更多信息，请参阅2-14节，对于理解半导体非常重要）。

金属之所以能够成为电流的良好导体，是因为它具有载流子（电子）。但重要的是，与金属不同，半导体具有两种类型的载流子，即电子和空穴。

正是这两种类型的载流子的存在，才使得半导体器件如二极管和晶体管成为可能。

2-14 什么是 P 型半导体?

在 N 型半导体中，我们将绝缘体到导体的转变视为电子的运动，但实际上缺失电子的地方（类似空壳的东西，称为“空穴”）也会表现出类似的行为。这就是添加硼（B）等杂质形成的 P 型半导体。

P 型半导体的晶体结构和从绝缘体到导体的转变

在 N 型半导体中，我们通过添加比硅元素多一个价电子的元素（5 价元素，如磷等）作为杂质来实现，而在 P 型半导体中，我们通过添加比硅元素少一个价电子的元素（3 价元素，如硼等）来实现。

当添加硼时，硅的一部分将被硼取代，但由于外层电子轨道的价电子为 8 时是稳定的，所以与 N 型半导体相反，缺失一个价电子，形成了电子的缺失位置。这被称为“空穴”。

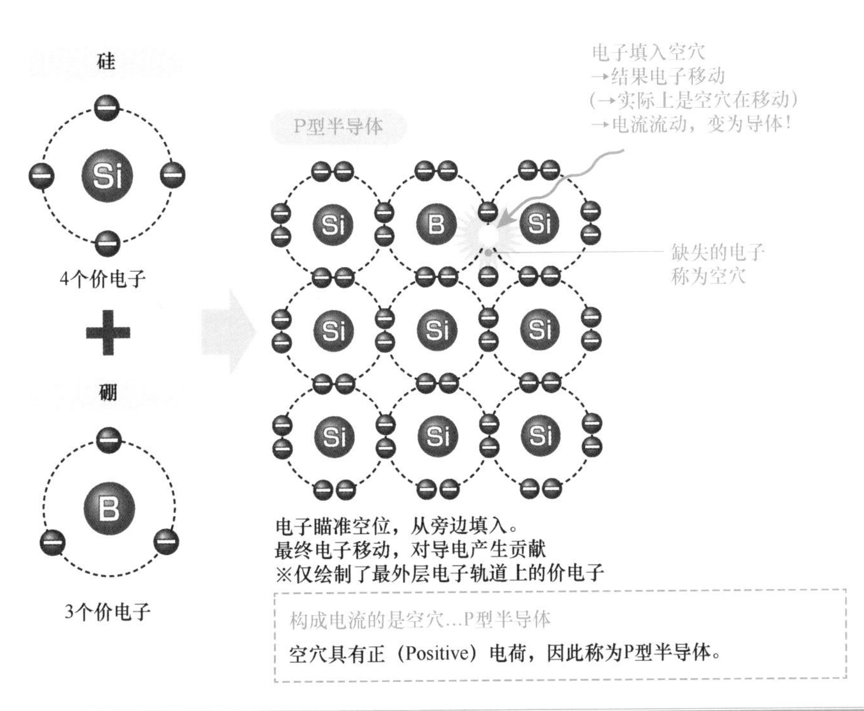

图 2-14-1　在本征半导体中微量添加硼形成 P 型半导体

当施加电压到添加硼的掺杂半导体时，附近的电子会朝着缺失的空穴移动。然后，移动的电子又会成为空穴，再次有附近的电子移动过来。

电子会朝着空穴移动，且不断移动。如果从空穴的运动角度来考虑，可以看出空穴会不断移动。

因此，与自由电子一样，空穴也对导电产生贡献，使得电流流动。

与 N 型半导体的名称源自电子是电流的来源类似，P 型半导体的电流来源于空穴。因此，P 型半导体的名称就这么来了。

需要注意的是，空穴的移动方向与电子相反，所以空穴的移动方向与电流方向相同。

❶ 用抢椅子游戏来解释电子朝向缺失位置的移动

在前面已经解释了电子缺失位置（空穴）的形成过程，在这里，我们仍使用抢椅子游戏来解释这个过程。

8 个价电子形成了稳定的硅晶体结构。我们将其比喻成抢夺环绕原子核的 8 把椅子的游戏。如果只有硅，那么 8 把椅子已经被占满了。但是，当添加硼后，硼只有 3 个电子，因此会出现抢椅子游戏中的一把椅子空着的情况（空椅子）。然后，附近的电子朝着空椅子跃入，就像找到一个空座位一样。换句话说，这里所说的“空座位”对应于电子的缺失位置。

然后，跃入并移动的电子原来的椅子就会空了，因此再次有更多附近的电子朝着空椅子跃入。这样，电子会依次朝着空椅子（缺失位置的空穴）移动。

❷ 空穴是一种与带有正电荷的电子相同的粒子

在 P 型半导体中，当原本应存在的电子不存在时，该位置（缺失位置）会相对带有正电荷。这个带有正电荷的位置被称为空穴，并被视为一种类似电子的粒子，具有类似电子的行为。

❸ 将电子的移动视为空穴的移动

图 2-14-2 显示了左侧的电子朝着缺陷处（空穴）移动的情况。当关注电子的缺陷处时，电子会从左侧逐渐移动到右侧的缺陷处。这个缺陷处就是空穴，如果将注意力放在空穴上，空穴则会从右侧逐渐移动到左侧。这意味着空穴的移动方向与电流方向相同。

总之，在 P 型半导体中，空穴出现，并且空穴的移动导致电流的流动，也就是说，它使绝缘体变成导体。尽管原本是电子在移动，但 P 型半导体关注的是空穴的运动。

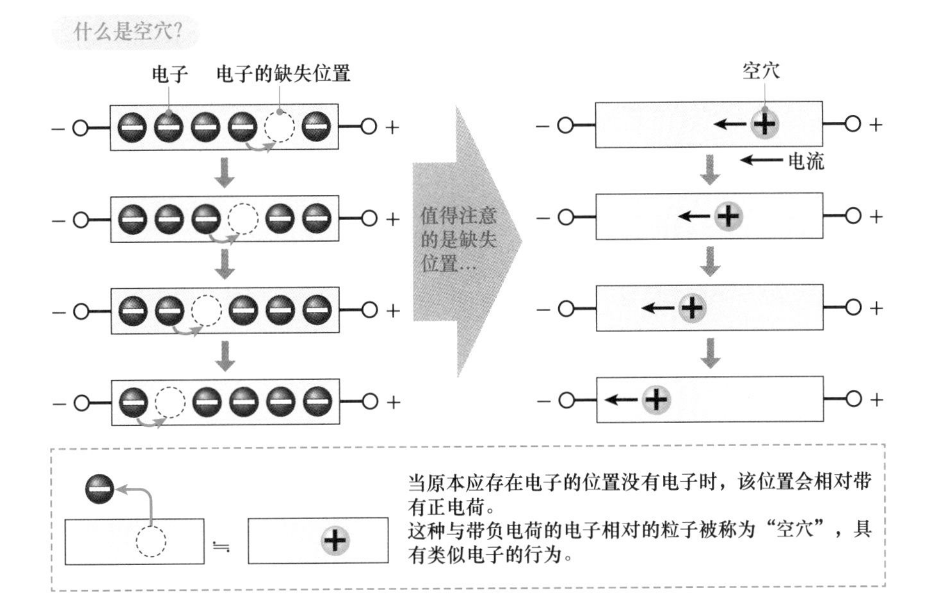

图 2-14-2　空穴移动也能形成导体

2-15 N 型半导体的能带结构

到目前为止，我们已经将杂质的添加描述为给导带中的电子提供额外能量的作用，而在本节中，为了更准确地理解这一现象，我们将通过能带结构来解释自由电子的生成过程。

通过杂质磷的添加，电子从杂质生成的施主能级释放到导带中

N 型半导体是指对本征的硅单晶添加微量的杂质，如磷（P）等。到目前为止，我们已经解释了通过添加磷来使价带中的电子获得额外能量，从而越过能隙并进入导带，成为自由电子。

但实际上，价带中的电子并没有直接获得额外能量，而是通过添加磷等杂质生成了新的能级，这些杂质原子（施主）在禁带内为导带提供了电子，从而使自由电子出现在导带中。

当磷被添加为杂质时，部分硅被磷取代，导致一个多余电子成为自由电子，这一点我们已经提到过。从磷的角度来看，它可以被认为是一个电子缺失的原子，即一个正离子化的施主（释放电子到导带的杂质）原子。

❶ 让我们从能带结构的角度来考虑多余电子在抢椅子游戏中的行为

由于上述解释可能不够清晰，因此让我们从抢椅子游戏中多余电子的行为出发，来考虑它是如何与能带结构相互关联的。

在图 2-15-1 的左侧，当向硅晶体添加 1 个磷原子时，会产生一个多余电子，无法坐到椅子上，从而成为自由电子。从能带结构的角度来看，这意味着导带中出现了一个电子，但需要注意的是，这个自由电子是通过吸收额外能量而不是从价带中跃迁而来的。

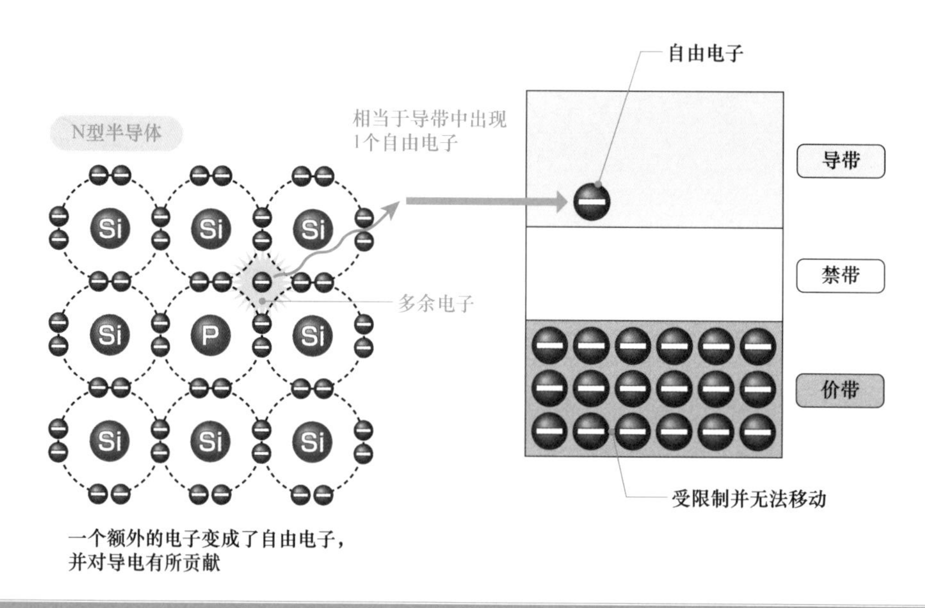

图 2-15-1　产生了一个多余电子状态的能带结构

❷ 导带中的自由电子是由新的能级形成的

如果认同“导带中的自由电子并非由价带中的电子跃迁所形成”的说法，那么这些自由电子究竟是从哪里产生的呢？答案就是，它们是通过添加杂质磷生成了新的能级（称为施主能级）进入禁带中产生的。

❸ 杂质磷的添加在禁带中形成了施主能级

作为杂质添加到硅晶体中的磷是 5 价原子，因此具有 5 个价电子。然而，其中的 4 个价电子与硅原子的 4 个价电子形成了强共价键，紧密结合在一起。因此，剩下的一个磷电子可以自由移动，成为自由电子。

正如前文所述，最外层电子位于离原子核最远的轨道上，因此更容易脱离原子核的束缚并成为自由电子。这个多余的磷电子创建的能级就是禁带中靠近导带的施主能级。

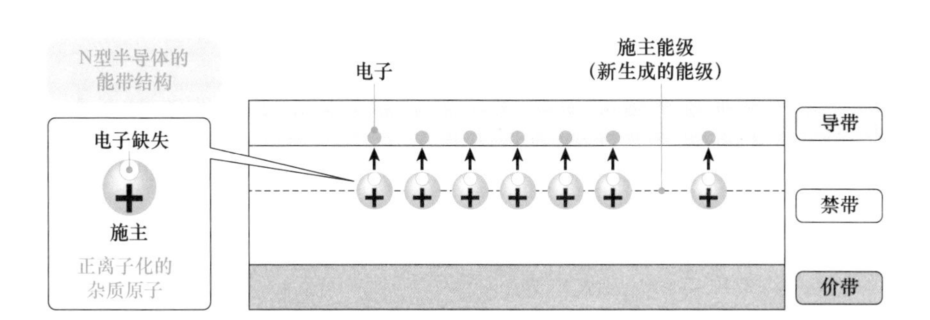

图 2-15-2　N 型半导体的能带结构（额外能量的真相）

④ 什么是施主能级

磷的多余电子位于能带结构中，非常接近导带。由于从这个能级到导带的能隙约为本征半导体的 1/20，因此在室温附近的热能作用下，电子可以轻松地跃迁到导带中，从而导致众多自由电子的产生。

由于磷原子成为导带中的电子提供者，因此这个杂质原子被称为施主。将具有大量施主的能级称为施主能级。施主实际上是大部分电子进入导带的提供者，它们变成了正离子化的杂质原子。

虽然“正离子化的杂质原子”听起来很复杂，但简单来说，它指的是“向半导体提供电子的杂质”。另外，通过添加施主杂质来增加电子数量的半导体被称为 N 型半导体。

⑤ 能带结构中能量提升的真相是施主能级的形成

在添加了磷的 N 型半导体能带结构中，位于导带下方的禁带中，添加的杂质磷生成了一个新的能级，称为施主能级，这就是所谓的能带结构。

这正是当添加杂质时，从价带到导带跃迁形成自由电子能量提升的真相，也正是导带中自由电子的本质。

2-16 P 型半导体的能带结构

我们已经解释过，P 型半导体是通过添加杂质硼（B）来使得 1 个价电子不足，从而形成空穴。而在本节中，我们将通过能带结构的方式来解释 P 型半导体中空穴的生成过程。

通过杂质硼的添加，从生成的受主能级释放空穴到价带

P 型半导体是在纯度很高的硅单晶中添加了微量硼（B）等杂质的材料。到目前为止，

我们一直说是通过硼的添加导致了价带中电子的缺失，从而形成了空穴（空电子位）。

然而实际上，通过添加杂质硼，禁带中生成了一个新的能级，这个杂质原子（受主）接收了来自价带的电子，从而在价带中形成了空穴。

正如我们已经提到的那样，当硼被添加时，硅的一部分被硼替代，形成了缺失一个电子的空穴。

从添加了硼的角度来看，负离子化的受主（从价带接收电子的杂质）原子可以被认为是从价带接收电子而形成的。

从 P 型半导体的能带结构来看，通过添加杂质硼，禁带中的硼在价带上方生成了一个能级，称为受主能级。

由于到受主能级的带隙很小，因此在室温附近，热能可以激发原本束缚在价带中的电子，使其跃迁至受主能级，从而在价带中产生了空穴。

需要注意的是，也可以反过来考虑，受主能级向价带提供（释放）了空穴。

❶ 用能带结构的角度来理解抢椅子游戏中的缺失电子

与 N 型半导体的解释类似，让我们尝试用能带结构来理解 P 型半导体中的缺失电子，这里同样可以用抢椅子游戏来解释。

在图 2-16-1 的左侧，当硅晶体中添加了一个硼原子时，8 个椅子中的一个变为空位，这个空位就成了缺失电子，也就是所谓的“空椅子”。从能带结构的右侧来看，这意味着在价带中形成了一个空椅子，也就是一个空穴。需要注意的是，这个空椅子并不是通过吸收能量等方式形成的，而是由于硅晶中添加了硼原子而产生的。

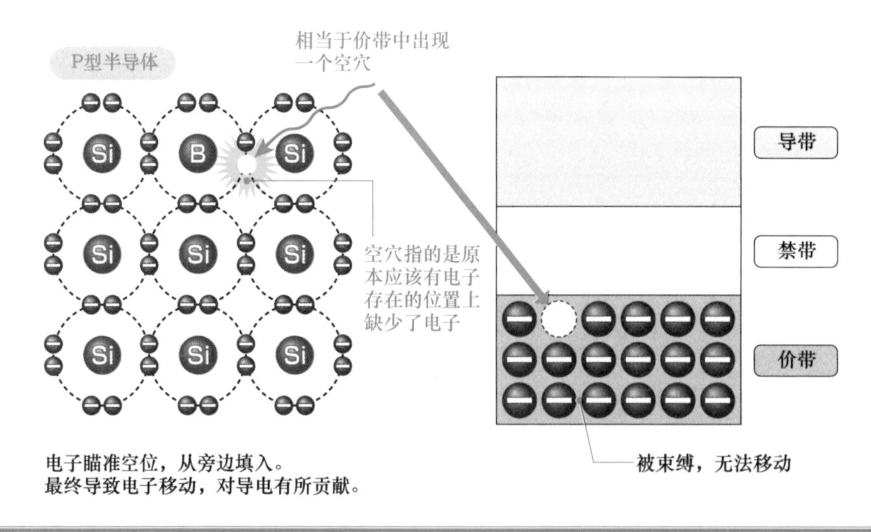

图 2-16-1　产生了一个空位电子（空穴）状态的能带结构

❷ 不纯物硼的添加在禁带中创建了受主能级

在价带中形成的空穴（空席）是由于不纯物硼的添加在禁带中创建的受主能级造成的。硼的缺失电子所处的能级位于价带非常近的位置。由于从这个能级到价带的能隙非常小，在室温附近的热能的作用下，电子可以轻松地进入受主能级（价带的电子跃迁到受主能级），因此价带中就会出现大量的空穴。

❸ 受主能级是什么

由于硼的缺失电子成为价带的电子接受者，因此称这种杂质原子为受主。具有许多受主的能级被称为受主能级。受主从价带接收电子并变为负离子化的杂质原子。

虽然“负离子化的杂质原子”听起来有点复杂，但简单来说，它指的是“向半导体提供空穴的杂质”。通过添加受主杂质，半导体中的空穴数量增加，这就是 P 型半导体。

❹ 添加硼杂质的 P 型半导体的能带结构

添加硼杂质的 P 型半导体的能带结构位于价带上方的禁带中，硼杂质添加了一个新的受主能级，形成了能带结构。

因此，空穴的本质是，当添加硼杂质时，受主从价带接收电子（反过来也可以认为是受主将电子传递给价带）而产生的。

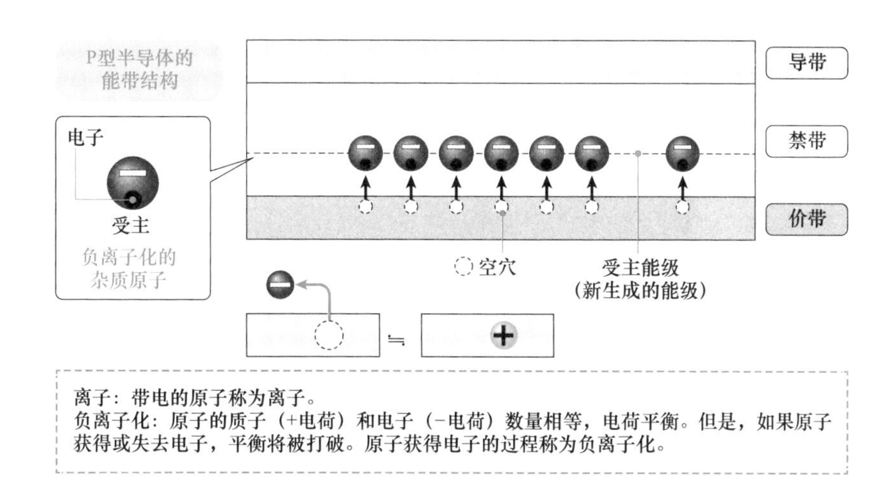

图 2-16-2　P 型半导体的能带结构

2-17 N 型半导体和 P 型半导体的多数载流子和少数载流子

我们之前提到 N 型半导体具有电子，P 型半导体具有空穴，这是指多数载流子。实际上，N 型半导体中也存在少数空穴，P 型半导体中也存在少数电子，这就是少数载流子。

多数载流子和少数载流子

N 型半导体中，添加的杂质（如磷等）成为电子的施主原子，导带中存在大量电子，而 P 型半导体中，添加的杂质（如硼等）成为电子的受主原子，使得价带中存在大量空穴。

前面解释的载流子，在半导体科学中被称为多数载流子。迄今为止，本征半导体由于不包含杂质，被解释为不含载流子的高纯度单晶，即没有电子和空穴。但实际上，在室温下受热能激发的电子和空穴微量存在（数量非常有限）。

因此，N 型半导体中也存在微量的空穴，P 型半导体中也存在微量的电子，这些微量的载流子相对于多数载流子被称为少数载流子。

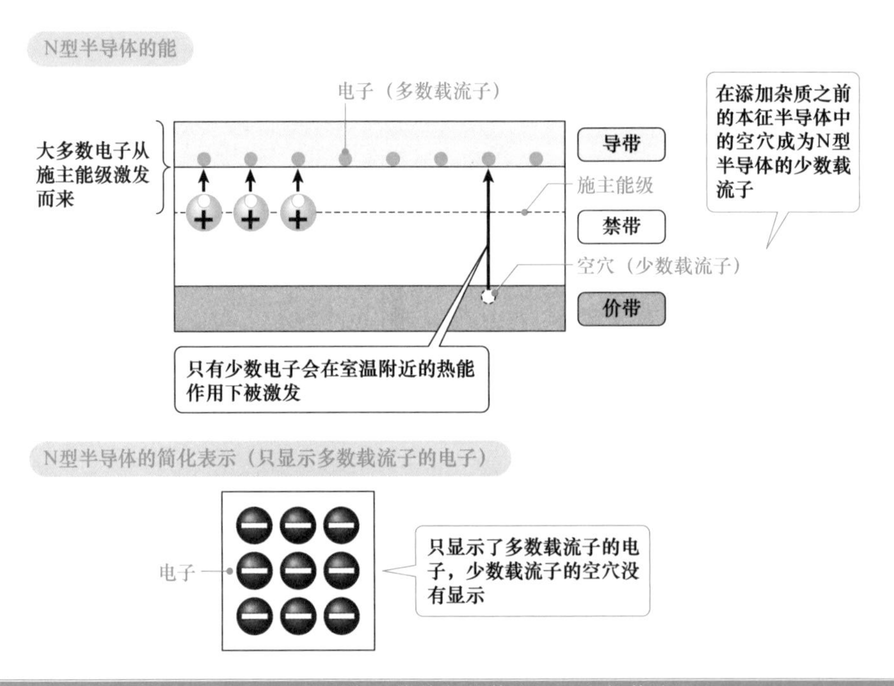

图 2-17-1　N 型半导体的多数载流子和少数载流子

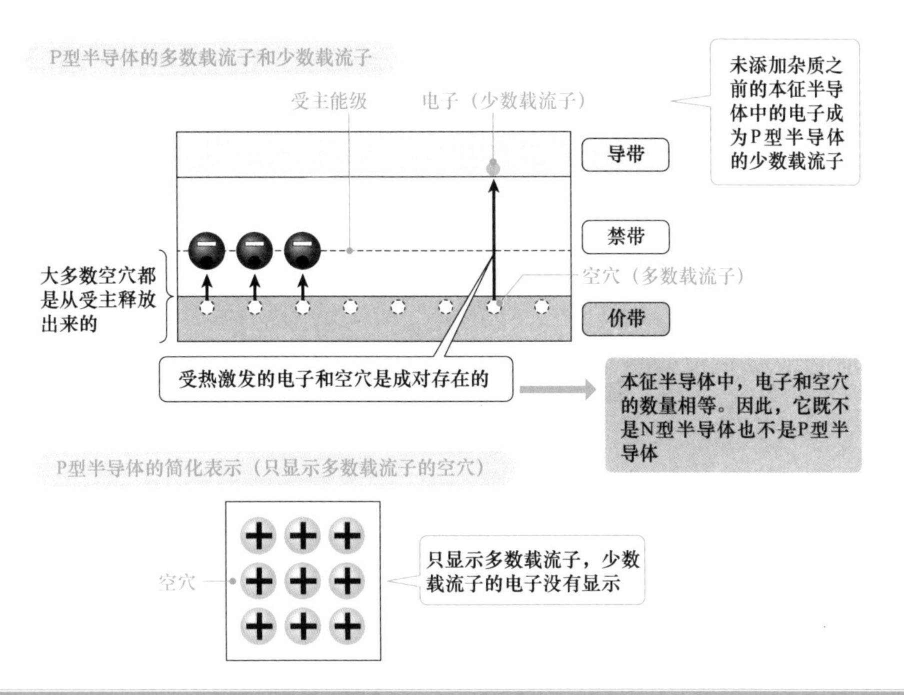
P型半导体的多数载流子和少数载流子
受主能级
电子（少数载流子）
未添加杂质之前的本征半导体中的电子成为P型半导体的少数载流子
导带
禁带
空穴（多数载流子）
价带
大多数空穴都是从受主释放出来的
受热激发的电子和空穴是成对存在的
本征半导体中，电子和空穴的数量相等。因此，它既不是N型半导体也不是P型半导体
P型半导体的简化表示（只显示多数载流子的空穴）
空穴
只显示多数载流子，少数载流子的电子没有显示

图 2-17-2 P 型半导体的多数载流子和少数载流子

换句话说，在 N 型半导体中，多数载流子是电子，少数载流子是空穴，在 P 型半导体中，多数载流子是空穴，少数载流子是电子。

在未添加杂质的本征半导体中，导带中的电子（自由电子）是通过价带中的电子受热能激发而形成的，而这些电子留下的空位则成为空穴。

因此，本征电子数等于空穴数，没有多数载流子和少数载流子的概念。这就是为什么本征半导体既不是 N 型也不是 P 型半导体的原因。

在第 3 章中，我们将通过连接 P 型半导体和 N 型半导体制成的二极管来解释其工作原理，该原理仅涉及多数载流子。

然而，在晶体管（特别是 MOS 场效应晶体管）的原理解释中，不仅是多数载流子，少数载流子的行为也会对其工作过程产生重大影响。

在绝对零度下，本征半导体没有导电性

在本章中，我们通过热激发来解释室温下从价带到导带的自由电子，而且还解释了在添加杂质的情况下的能带结构。然而，在绝对零度下，价带中的电子受到束缚，不会被激发。因此，在绝对零度下，本征半导体完全没有导电性。这种状态下把半导体称作绝缘体也没有问题。

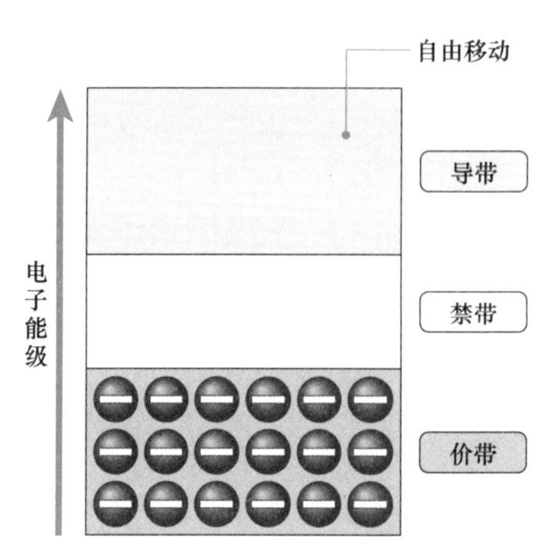

价带中的电子完全被束缚，不会激发到导带。

图 2-17-3　显示了绝对零度下本征半导体的能带结构

2-18 半导体是由 PN 结构成的

半导体的一切基础都可以追溯到 N 型半导体和 P 型半导体的 PN 结构。如何连接 N 型半导体和 P 型半导体，以及如何组合它们，将决定其功能和电学特性。

充分理解 N 型半导体和 P 型半导体

在深入理解对于半导体来说非常重要的 PN 结构之前，让我们使用术语如价电子、电子、空穴、施主、受主、多数载流子、少数载流子、能带结构（导带、禁带、价带）等，来整理一下 N 型半导体和 P 型半导体的概念。

最简单的术语解释如下：

- 电子：带有负电荷的粒子。
- 空穴：电子离开后留下的空位，可以视作带有正电荷的粒子。
- 施主：向导带提供电子的杂质（提供者）/形成 N 型半导体。
- 受主：从价带接收电子的杂质（接收者）/形成 P 型半导体。
- 导带：在能带结构中，允许电子（自由移动的电子）存在的能带。
- 禁带：在能带结构中，导带和价带之间不允许电子存在的能带。
- 价带：在能带结构中，电子存在但受到束缚，无法移动的能带。

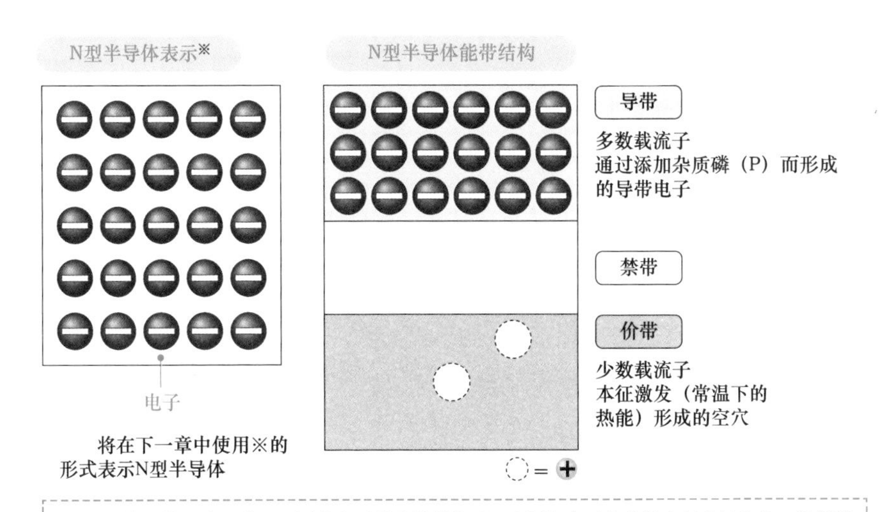
N型半导体表示※
N型半导体能带结构
导带
多数载流子
通过添加杂质磷（P）而形成的导带电子
禁带
价带
少数载流子
本征激发（常温下的热能）形成的空穴
电子
将在下一章中使用※的形式表示N型半导体
N型半导体用电子表示，因为电子是多数载流子。在添加杂质之前的本征半导体中，虽然数量很少，但存在着空穴，这就成了少数载流子。

图 2-18-1　N 型半导体表示和 N 型半导体能带结构

❶ N 型半导体

通过向本征半导体中添加磷（P）杂质，多余的一个价电子成为导带中的自由电子，将半导体从绝缘体转变为导体。

这些自由电子不是从价带跃迁到导带的电子。请注意，这些电子是从杂质的磷施主能级被激发到导带的。与通过本征激发（常温下的热能）而形成的电子相比，导带中的电子数量多得多，这就成了 N 型半导体的多数载流子。

❷ P 型半导体

通过向本征半导体添加硼（B）杂质，不足的一个价电子形成了电子的缺失，这些缺失的电子就成了价带中的空穴，并最终导致了电子的迁移，将半导体从绝缘体转变为导体。

请注意，这些空穴是由于杂质硼的添加生成的受主能级接受了价带的电子（释放了空穴到价带）而产生的。

与由于本征激发（常温下的热能）而形成的空穴相比，价带中产生了数量相差甚远的空穴，这使得空穴成为 P 型半导体的多数载流子。

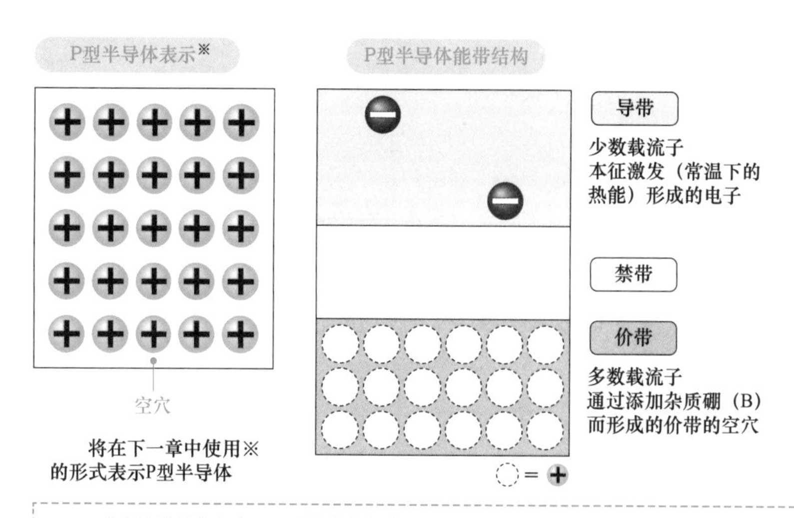
P型半导体表示※
P型半导体能带结构
导带
少数载流子
本征激发（常温下的热能）形成的电子
禁带
价带
多数载流子
通过添加杂质硼（B）而形成的价带的空穴
空穴
将在下一章中使用※的形式表示P型半导体
P型半导体用空穴表示，因为空穴是多数载流子。在添加杂质之前的本征半导体中，虽然数量很少，但存在着电子，这就成了少数载流子。

图 2-18-2　P 型半导体表示和 P 型半导体能带结构

③ N 型半导体比 P 型半导体快的原因是迁移率不同

N 型半导体的电子迁移率比 P 型半导体的空穴迁移率快大约 3 倍，因此，N 型半导体的集成电路（IC）和大规模集成电路（LSI）性能也要好大约 3 倍。那么，为什么空穴迁移率较慢呢？严格来说，电子和空穴的质量等复杂因素起到了作用，但在这里我们将简要地介绍。电子可以直线移动到导带，而空穴无法直线移动（实际上是电子向着空穴移动），只能间歇性地移动，因此可以认为是这个原因。

专栏

导体中的电流传输速度很快，但电子的移动速度很慢

电信号可以瞬间传播，但铜导线中的电子移动速度仅约为 1s（秒钟）移动 1mm。

在前面解释了“导体和绝缘体的区别取决于自由电子的数量”。导体中电流会流动。那么，当电流流动时，电子的速度是多少呢？

在这里，来计算一下当 1A（1 安培）的电流通过截面积为 $1mm^2$ 的铜线时的电子速度 V。

（1）当截面积为 S [m^2] 的导体中每单位体积的自由电子 n [个/m^3] 以速度 V [m/s]通过时，电流 I [A] 可以用 $I=qnVS$ 表示，所以我们要求的电子速度为：

$$V=I/(qnS)$$

(2) 这些值分别是:

q: 1个电子的电量为 1.6×10^{-19} [C]　C（库仑）=[A·s]

n: 铜中的每单位体积的自由电子数量 8.5×10^{28} [$1/m^3$]

S: 铜线的截面积为 1.0 [$1mm^2$] $=1.0\times10^{-6}$ [m^2]

(3) 因此，根据 (1) 式，V 的值为

$V=1.0/((1.6\times10^{-19})\times(8.5\times10^{28})\times(1.0\times10^{-6}))$

$=7.4\times10^{-5}$[m/s]

由此可见，通过铜线传输的电子速度约为 0.07mm/s，非常缓慢。但是为什么电流的传输速度接近光速呢？尽管电子本身的速度很慢，但是通过在铜线的两端施加电压并产生电场，向所有电子发出“一起移动”的指令，以使它们以光速传播。因此，从铜线的前端到末端的每个电子都会同时移动，结果电流以接近光速的速度在铜线中传播（电流流动）。

资料来源：EMAN 的物理学 https://eman-physics.net/circuit/ohm2.html#top)

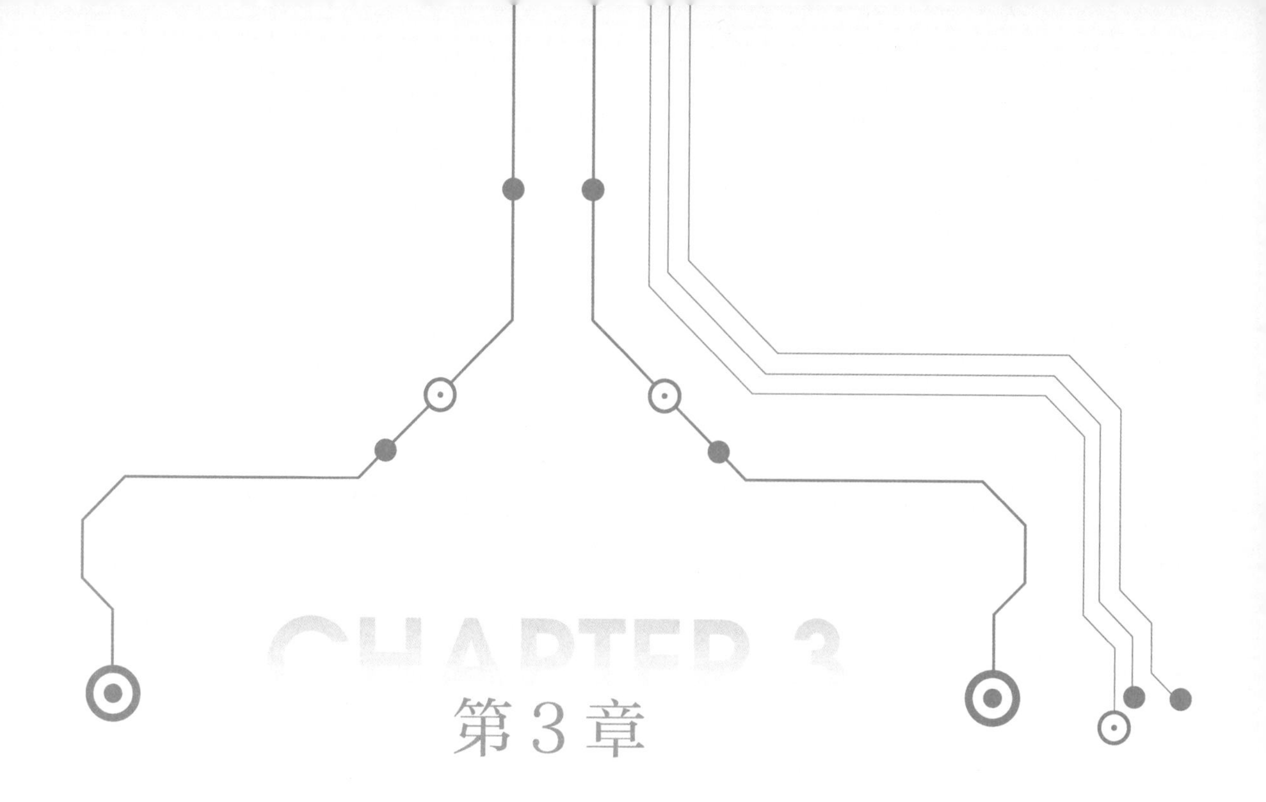

CHAPTER 3

第3章

学习半导体元件的基本原理：二极管、晶体管和CMOS

PN 结、双极型晶体管、MOS 晶体管、CMOS

本章将解释 P 型半导体和 N 型半导体的 PN 结接触，从能带结构、正向特性和反向特性的差异入手。我们将讨论由此产生的二极管、双极型晶体管、MOS 晶体管和 CMOS 的工作原理，以及 CMOS 的优越特性。

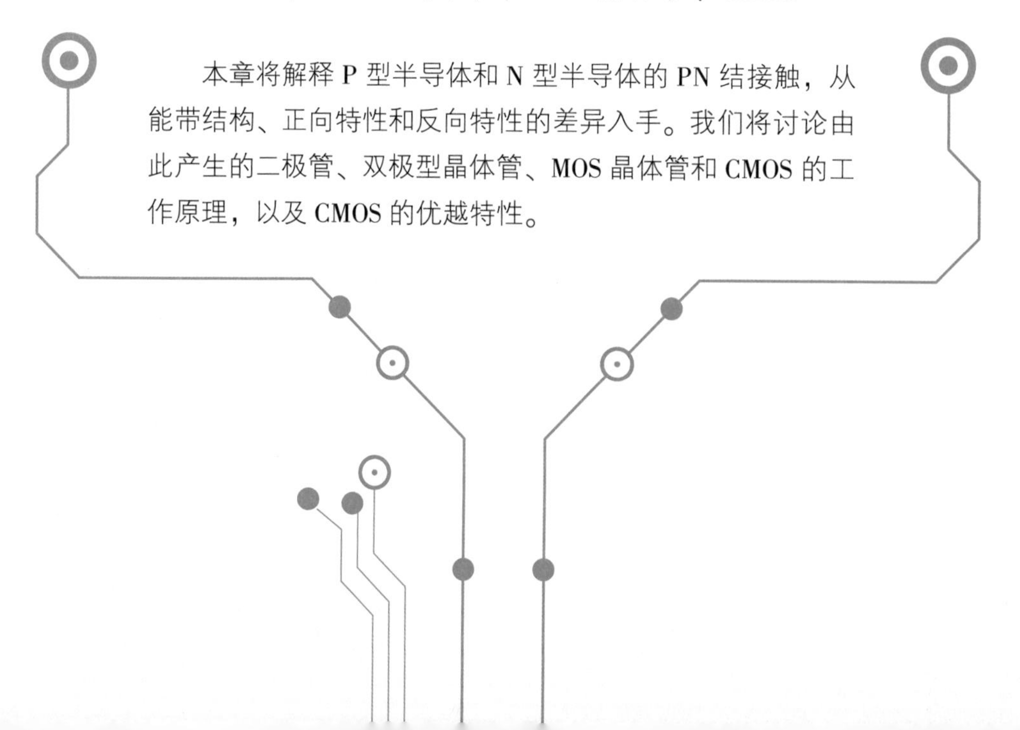

3-1 半导体器件、半导体元件和集成电路的分类

半导体器件可以分为半导体元件（分立半导体元件）和集成电路（IC、LSI），半导体元件可以分为二极管和晶体管。集成电路是一种将半导体元件集成到芯片上的超级电子部件。

半导体器件的分类

半导体器件可分为半导体元件和集成电路，半导体元件可以分为二极管和晶体管，晶体管可以分为双极型晶体管和 MOS 场效应晶体管（MOSFET）。进一步地，晶体管可分为 NPN 晶体管和 PNP 晶体管，MOSFET 可分为 NMOSFET 和 PMOSFET 以及 CMOSFET。而集成电路是一种电子部件，它将这些半导体元件集成在芯片上，数量可达数百万甚至数十亿个。

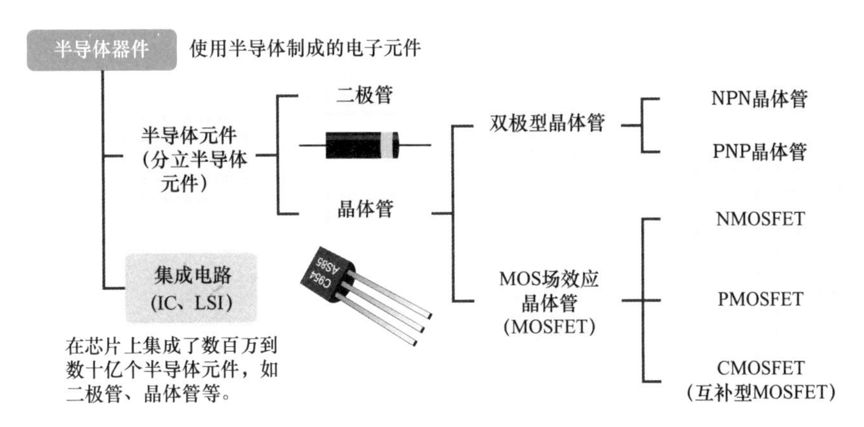

图 3-1-1 半导体器件、半导体元件、集成电路的分类

二极管和晶体管的作用

第 3 章将详细介绍由 N 型半导体和 P 型半导体构成的最基本的半导体元件，即二极管和晶体管的结构和工作原理。

首先解释一下二极管的作用（它用在哪些方面?）。

❶ 二极管的作用

（1）整流作用。

二极管是半导体中最基本的元件之一，利用其仅允许电流单向流动的特性，可以将交流转换为直流、防止电流倒流等。利用其仅允许电流单向流动的特性，可以将交流波形的正半周提取出来，从而将其转换为直流电流。

（2）检波作用。

通过整流无线电和电视等无线广播的无线电波（高频信号），可以提取音频信号和图像信号，这称为检波。需要注意的是，广播电台的电波信号是通过将声音和图像合成到发送频率上而生成的。

（3）稳压作用。

为了以直流电驱动电子设备所使用的晶体管（IC、LSI），需要将商用电压 220V 降压到一定电压并保持稳定。为了实现这一点，可以使用稳压二极管（齐纳二极管），它能够将高电压降压并稳定在一定电压上。

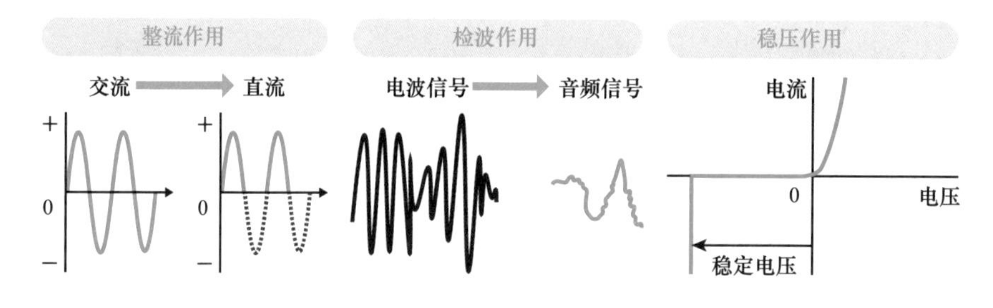

图 3-1-2　二极管的作用

❷ 晶体管的作用

（1）电信号的放大作用。

放大作用是将小的输入电信号转换成大的电信号的过程。卡拉 OK 麦克风的歌声通过扬声器放大，可以听到大音量的声音，而微弱的电波接收后可以在收音机或电视机上收听和观看，这都是由于晶体管的放大作用。

关于实际晶体管的放大作用/放大电路，将在“3-8 节双极型晶体管的放大作用”中进行详细解释。

（2）开关作用（电路的开和关）。

数字电路由“0”和“1”两个值组成的数字信号构成。这些数字信号是通过晶体管

的输入信号来控制晶体管的输出信号的开关操作（切换为 ON/OFF）来实现的。现代的电子设备，如智能手机和个人计算机等，都由数字电路构成。数字电路使用低功耗的互补金属氧化物半导体场效应晶体管（CMOSFET）。我们将在“3-14 节 CMOS 为何能够低功耗？”中进行详细解释。

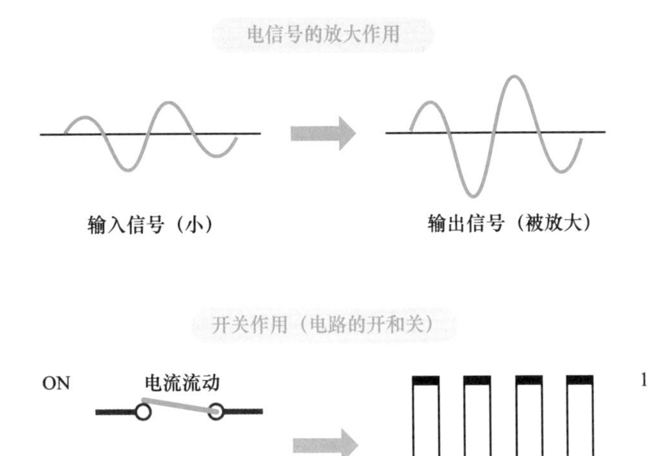

图 3-1-3　晶体管的作用

3-2 半导体的基础——PN 结是什么？

N 型半导体中有许多电子，P 型半导体中有许多空穴。将这两者结合成 PN 结后，形成具有势垒的耗尽层被夹在中间、P 型区域有空穴、N 型区域有电子的状态。

PN 结形成后，由于电子和空穴的结合和消失而形成势垒

当 P 型半导体和 N 型半导体接触时，将形成 PN 结。在这种情况下，我们将逐步解释电子和空穴的运动、界面上的现象、PN 结形成后的耗尽层以及能带等方面的信息。

❶ P 型半导体和 N 型半导体接触之前

在图 3-2-1 的左侧图中，N 型半导体中有大量的电子，P 型半导体中有大量的空穴。右侧的图中通过能带（结构）来表示这种状态，N 型半导体的导带中有大量的电子，价带中有少量的空穴，而 P 型半导体的价带中有大量的空穴，导带中有少量的电子。

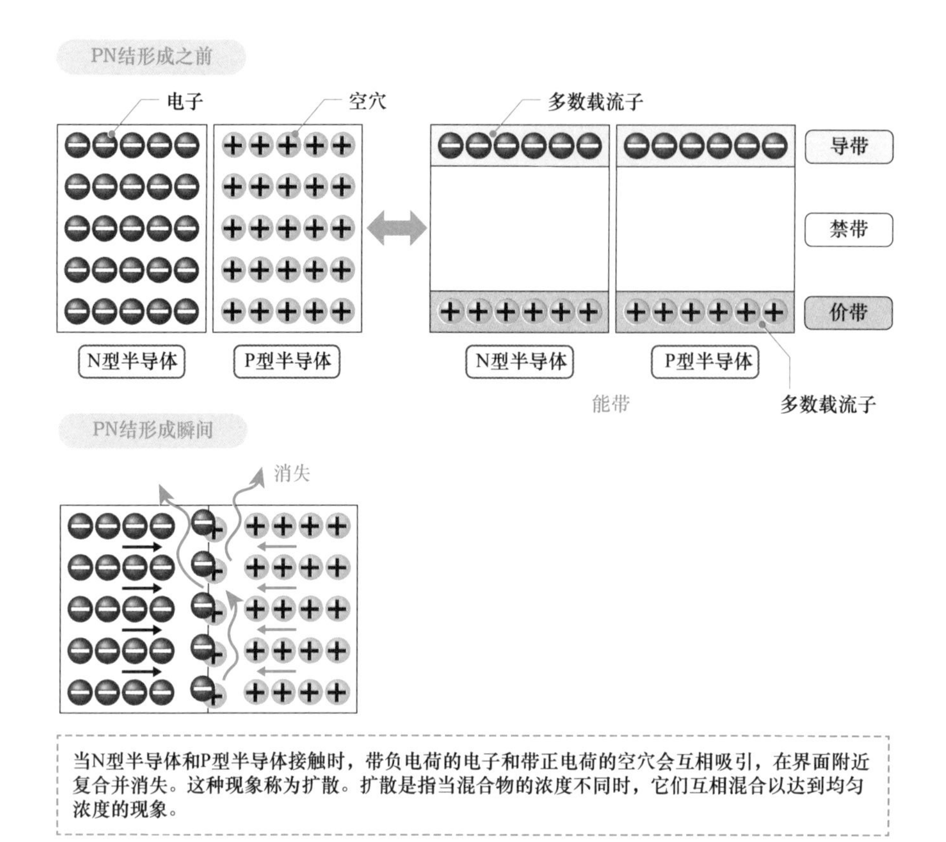

图 3-2-1　PN 结（电子和空穴的结合和消失）（A）

❷ PN 结形成的瞬间

在这一刻，当 N 型半导体和 P 型半导体接触时，为了消除（或吸引）P 型和 N 型区域之间的载流子密度差异，N 型半导体中的电子会朝向 P 型半导体区域移动，反之，P 型半导体中的空穴会朝向 N 型半导体区域移动。

在这种接触瞬间，电子的负电荷和空穴的正电荷结合在一起，电荷变为零，并消失。这种现象称为扩散。

❸ PN 结形成之后

图 3-2-2 展示了 PN 结形成后的扩散现象已经达到了一个稳定状态。在发生扩散现象的区域内，电子的负电荷能量和空穴的正电荷能量结合并中和以达到稳定状态。

因此，在电子和空穴结合并消失的区域，几乎没有载流子存在，这个区域称为耗尽层。

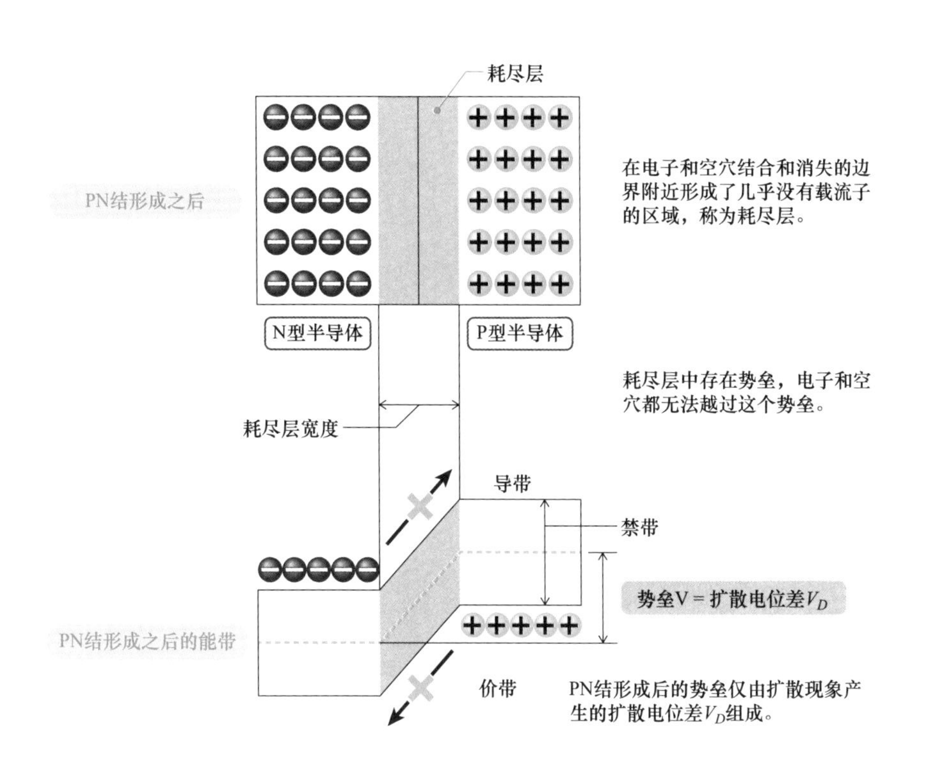
耗尽层
PN结形成之后
在电子和空穴结合和消失的边界附近形成了几乎没有载流子的区域，称为耗尽层。
N型半导体
P型半导体
耗尽层中存在势垒，电子和空穴都无法越过这个势垒。
耗尽层宽度
导带
禁带
势垒V = 扩散电位差V_D
PN结形成之后的能带
价带
PN结形成后的势垒仅由扩散现象产生的扩散电位差V_D组成。

图 3-2-2　PN 结（电子和空穴的结合和消失）(B)

④ PN 结形成后的能带

耗尽层是实际 P 型半导体和 N 型半导体之间逐渐平衡的边界区域，因此能量水平会倾斜，两个半导体之间会形成势垒（当不同浓度的半导体接触时形成的电位差）。

在这种情况下，势垒 V 等于由扩散引起的扩散电位差 V_D。扩散电位差 V 被认为是为了抑制载流子的扩散而存在的电位差，因此电子和空穴都不能越过这个障碍。

PN 结形成之后，仍然存在大量未消失的电子和空穴。因此，半导体的 PN 结会形成具有势垒的耗尽层并被夹在中间、P 型半导体区域存在空穴、N 型半导体区域存在电子的状态。

3-3 当对 PN 结施加正向电压时

当对 PN 结施加正向电压/正向偏置（将正极连接到 P 型半导体，负极连接到 N 型半导体）时，电流将通过 PN 结半导体流动。

施加正向电压于 PN 结会减小势垒，使电流得以流动

在 PN 结的 P 侧连接正极，N 侧连接负极时，电子将从负极供应到 N 型半导体。

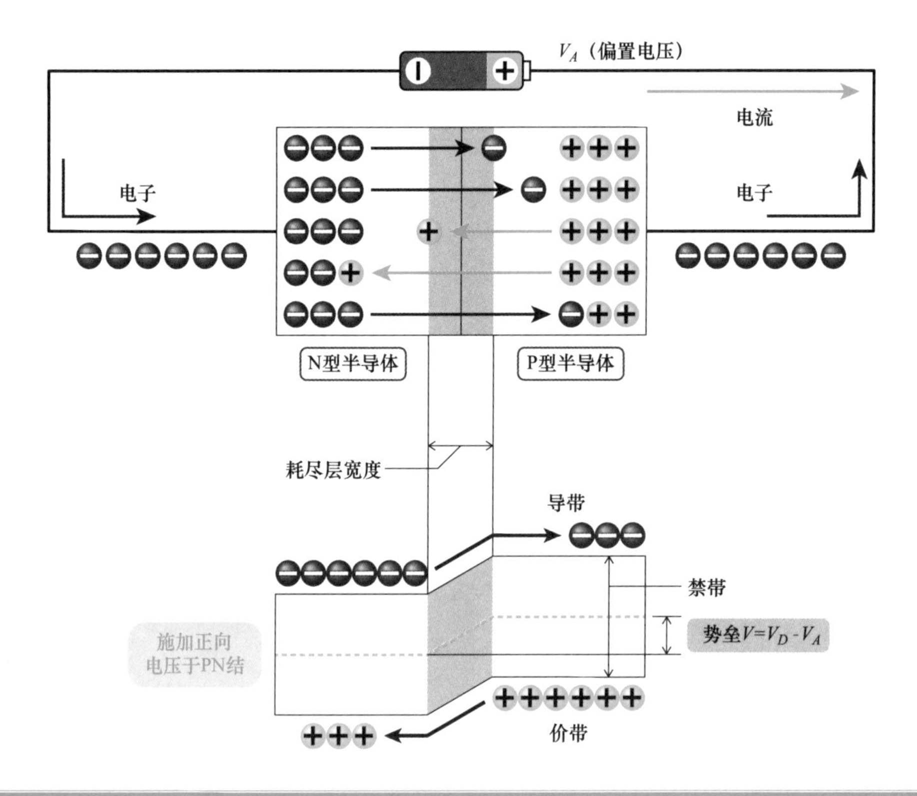

图 3-3-1　在 PN 结上施加正向电压（正向偏置）的情况

施加到 P 型半导体上的正电位会使 P 型半导体的能带下移（正电荷的空穴能量越往下越大），施加到 N 型半导体上的负电位会使 N 型半导体的能带上移（负电荷的电子能量越往上越大），因此，在 PN 结上施加正向电压 V 的情况下，势垒 V 为 $V=V_D-V_A$。

这里的势垒 V 是 N 型半导体和 P 型半导体之间的能量差，N 型半导体的能量比 P 型半导体低。这个条件会减小势垒（能量壁），因此电子会穿越障碍进入 P 型区域，结果电子可以从 P 型半导体侧流向电池的正电极方向。

随后，电子会不断从电池的负电极供应，因此在半导体内部未复合的多余电子会由电池的负电极朝着电池的正电极方向移动。

这就是电流通过 PN 结半导体从电池的正极流向负极的状态。上述电流流动的方向称

为正向，施加电压的方式称为正向偏置。

施加正向电压的 PN 结能带结构如下：

图 3-3-2 比较了在 PN 结上未施加电压和施加正向电压时的能带结构。我们来看看没有施加电压和施加正向电压时，能带结构发生了什么样的变化。

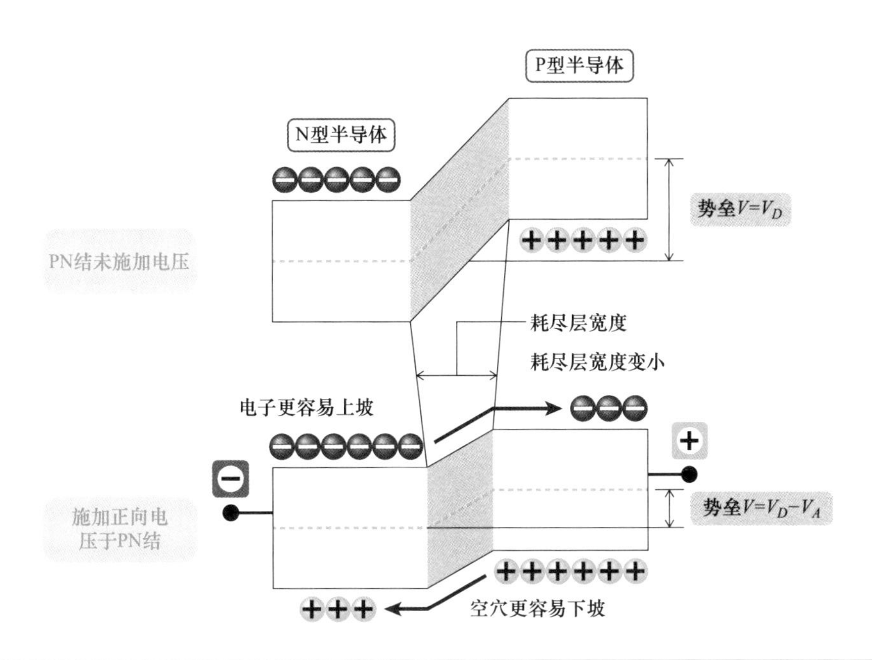

图 3-3-2　PN 结未施加电压和施加正向电压时的能带情况

在没有施加电压的情况下，PN 结的势垒 V 是扩散电位差 V_D。而耗尽层的宽度是由 PN 结接触时的扩散现象形成的。

电子和空穴也由于夹在其中的耗尽层势垒 $V=V_D$ 而停留在导带和价带中。

当在 PN 结上施加正向电压 V_A 时，势垒 V 会减小，减小的量等于施加电压 V_A 的量。因此：

$$\text{势垒 } V=V_D-V_A$$

因此，从 N 型半导体到 P 型半导体的势垒变得更加缓和，位于传导带中的电子更容易爬坡（从空穴的角度来看，空穴更容易下坡），电子和空穴变得能够连续移动。

这也可以说是由于正向偏压使耗尽层宽度减小，从而使这个减小的区域更容易被电子和空穴穿越。

PN 结的正向偏置导致的能带结构如下：

（1）势垒减小。

（2）耗尽层宽度减小。

3-4 当对 PN 结施加反向电压时

当对 PN 结施加反向电压/反向偏置（将负极连接到 P 型半导体，正极连接到 N 型半导体）时，电流将无法通过 PN 结半导体流动。

施加反向电压时，势垒增大，电流不会流经 PN 结

当施加反向偏置（P 型区连接电池的-电极，N 型区连接电池的+电极）时，P 型区的空穴被吸引到电池的-电极，N 型区的电子被吸引到电池的+电极。

在这种情况下，虽然电子从电池的-电极流向 P 型半导体，空穴从电池的+电极流向 N 型半导体，但它们被相互吸引并结合，最终消失。

在这种情况下，考虑势垒 V，N 型半导体上的+电位会使得 N 型半导体的能带下移，而 P 型半导体上的-电位会使得 P 型半导体的能带上移，因此，在施加反向电压 V_A 的情况下，势垒 V 变为 $V=V_D+V_A$。

这种情况会增加势垒（能垒），因此电子无法穿过扩散区域并无法移动，这就是施加反向偏置时，PN 结半导体中没有电流流动的状态。

❶ 反向电压应用于 PN 结时的能带结构

图 3-4-2 对比了 PN 结在未施加电压和施加反向电压时的能带结构。让我们思考一下未施加电压和施加反向电压时，能带结构是如何变化的。

在未施加电压的情况下，PN 结的势垒 V 等于扩散电位差 V。此外，耗尽层宽度是由 PN 结接触时发生的扩散现象形成的。

电子和空穴也由于夹在其中的耗尽层势垒 $V = V_D$ 而停留在导带和价带中。

在这里，当在 PN 结上施加反向电压 V_A 时，势垒 V 会增加施加电压 V_A 的量。因此，势垒 $V = V_D + V_A$

从 N 型半导体到 P 型半导体的势垒变得更陡峭，位于导带中的电子更难爬上坡（从空穴的角度来看，空穴更难下坡），电子和空穴的移动变得更加困难。

此外，还可以说，这导致了耗尽层宽度的增加，使得穿越这个变宽的区域变得更加困难。

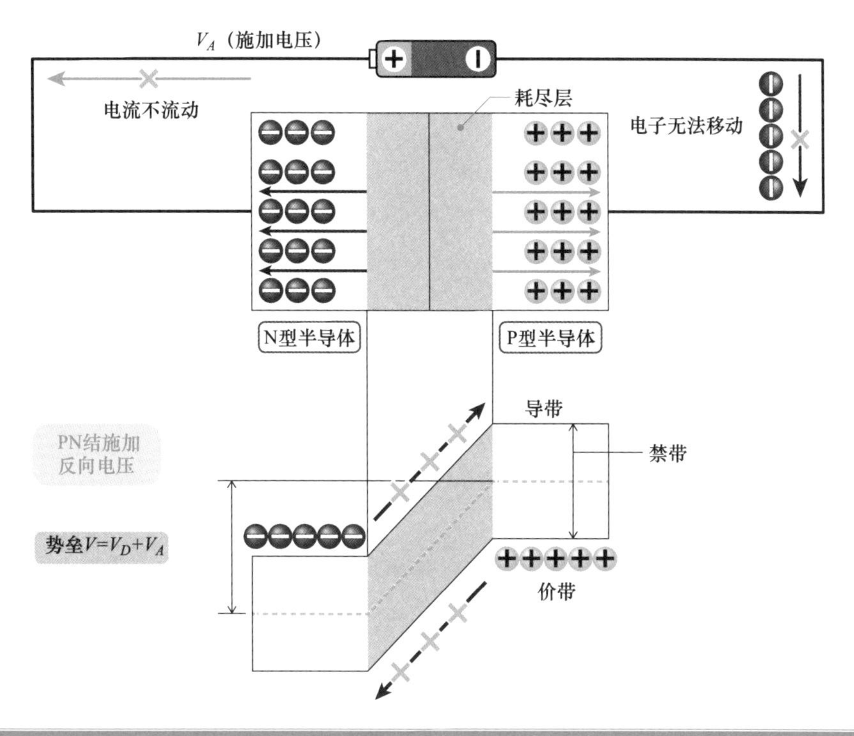

图 3-4-1　PN 结施加反向电压时

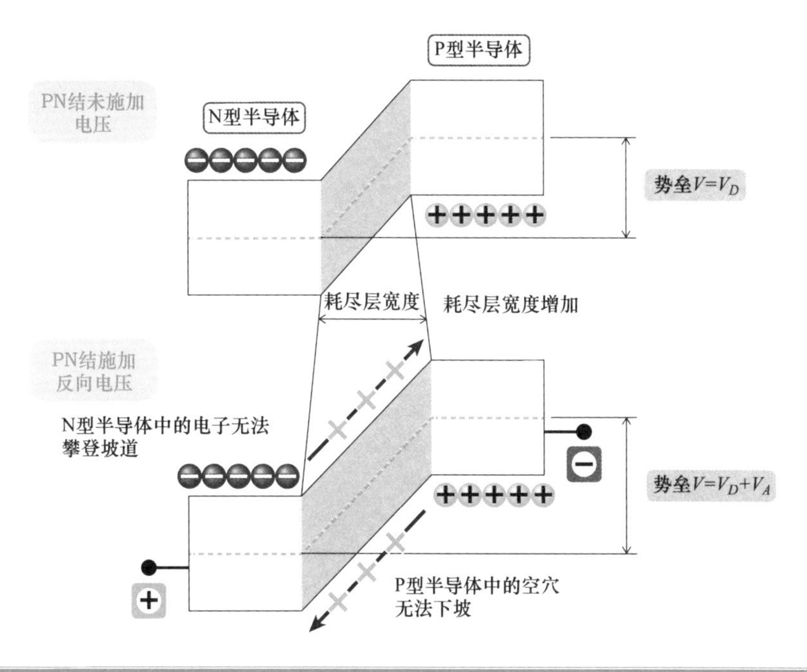

图 3-4-2　PN 结未施加电压和施加反向电压时的能带结构

反向偏置下的 PN 结能带结构如下：

（1）势垒增加。

（2）耗尽层宽度变宽。

❷ 势垒是由两个半导体之间的电场产生的电位差。

势垒也称为内建电位差、内部电位差、扩散电位差等，其含义是由于空穴和电子在空穴层内扩散，导致两个半导体的载流子浓度达到平衡状态而产生的电场引起的电位差。

3-5 PN 结构成的半导体元件是二极管，其电学特性如何？

二极管是一种带有 PN 结的半导体电子元件。二极管的最显著特点是只允许电流在一个方向（正向）流动。二极管有各种类型，利用了电压与电流特性，以及 PN 结的特性。

二极管具有二极（两个端子）结构

图 3-5-1 的上半部分显示了半导体元件（分立半导体元件）的二极管结构，图 3-5-1 的下半部分显示了作为集成电路的二极管结构。集成电路结构的二极管是在 P 型衬底（P 型硅）上制造的。

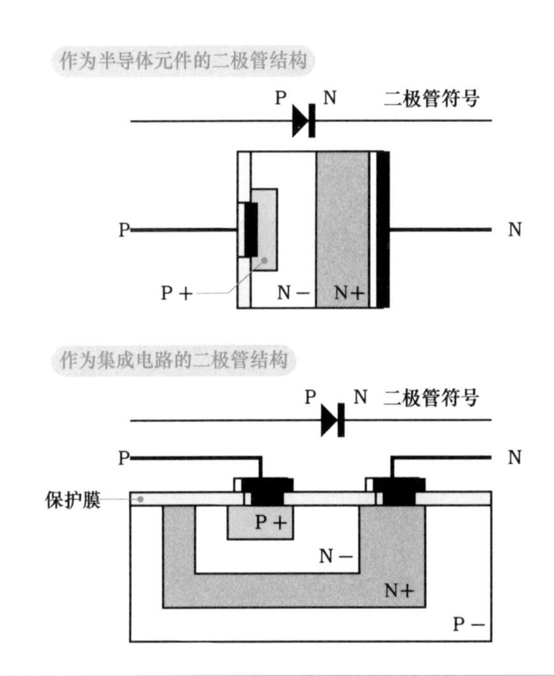

P+：P型掺杂（浓度高）
P−：P型掺杂（浓度低）
N+：N型掺杂（浓度高）
N−：N型掺杂（浓度低）

图 3-5-1 二极管结构：半导体元件（分立半导体元件）和集成电路结构

二极管的电学特性

图3-5-2通过灯泡的闪烁示例，展示了二极管仅允许电流单向（正向）流动的特性（正向偏置和反向偏置特性）。

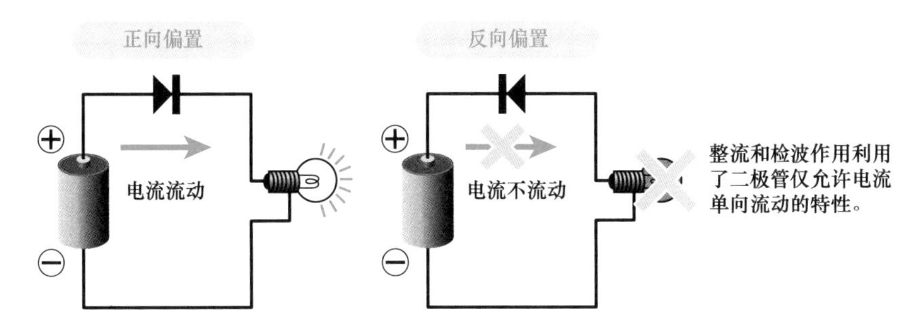

图3-5-2 二极管的正向偏置和反向偏置

图3-5-3展示了二极管的电学特性，即电流（I）-电压（V）特性。

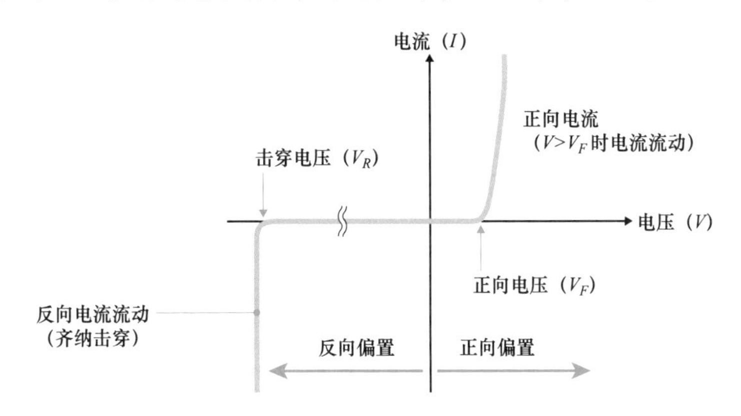

图3-5-3 二极管的电流（I）-电压（V）特性

从这些电学特性中可以看到，在正向偏置下，只有当施加正向电压V_F（约为0.5V以上）时，电流才开始流动。

此外，在反向偏置下，电流不会流动，但随着反向电压的增大，当达到一定的反向电压时，电流会迅速增大（这称为击穿）。此时的电压称为击穿电压（齐纳电压）V_R，电流称为击穿电流，电压值V_R对电流保持恒定。

二极管的种类

二极管具有多种类型，利用了PN结特性的不同方面。

❶ 整流二极管

这是利用 PN 结特性的最常见的二极管。用于将交流电转换（整流）为直流电的整流电路中。整流二极管具有高电压和高电流的特点。

❷ 稳压二极管（齐纳二极管）

这是利用了齐纳击穿效应的二极管，如图 3-5-3 所示。它利用电压保持稳定的特性，可用于稳压电路，也可用作保护元件，用于防止浪涌电流（如雷击等瞬间大电流）和静电对集成电路等的影响。通常的二极管是正向导通的，而齐纳二极管则在反向工作时使用。

❸ 隧穿二极管（江崎二极管）

隧穿二极管由日本的江崎令奈博士（1973 年诺贝尔物理学奖获得者）发明，因此也被称为江崎二极管。它利用了电压增大时电流减小的负性特性（隧穿效应），用于微波振荡电路等应用中。

❹ 肖特基二极管

通常的二极管是由 P 型半导体和 N 型半导体形成的 PN 结构，而肖特基二极管是由金属和半导体接触形成的二极管。金属/半导体的 PN 结（称为肖特基结）的正向电压非常小，因此可用于高速电路的开关等应用。

❺ 光半导体

虽然在工作原理上与前述电子电路中的二极管有区别，但光半导体（发光二极管、光电二极管、激光二极管、图像传感器等）也是应用了 PN 结的代表性半导体器件。

3-6 什么是晶体管？ 更详细地分类晶体管

晶体管可以分为双极型晶体管和 MOS 场效应晶体管（MOSFET）。我们将比较双极型晶体管和 MOSFET 的特性以及特点之间的差异。

晶体管构造有 3 个端子，分为双极型晶体管和 MOSFET

虽然二极管只有两个端子，但晶体管有三个端子。通过在一个端子（控制端子）上输入电流或电压，来控制输出端子之间流动的电流或电压。

晶体管和二极管等多个这样的器件被集成到硅基板（硅晶圆）上，以实现电子功能的集成电路（IC、LSI）。

根据其工作原理，晶体管主要分为双极型晶体管和 MOS 场效应晶体管（MOSFET）两种类型。

❶ 双极型晶体管

双极型晶体管的“双极”是指参与电子传导的载流子涉及两种极性的电荷，即电子（负电荷）和空穴（正电荷）。在电子电路中，它用于电信号的开关和放大。

此外，通过 N 型半导体和 P 型半导体的三端子结构组合方式，双极型晶体管可分为 NPN 晶体管和 PNP 晶体管。

双极型晶体管的基板结构（硅基板）如图 3-6-1 所示，是嵌入在硅基板内部的结构。由于此结构的性能实现依赖于 P 型和 N 型杂质的扩散深度，因此制造过程中的控制较为困难，并且一个晶体管的面积通常会比 MOSFET 大。

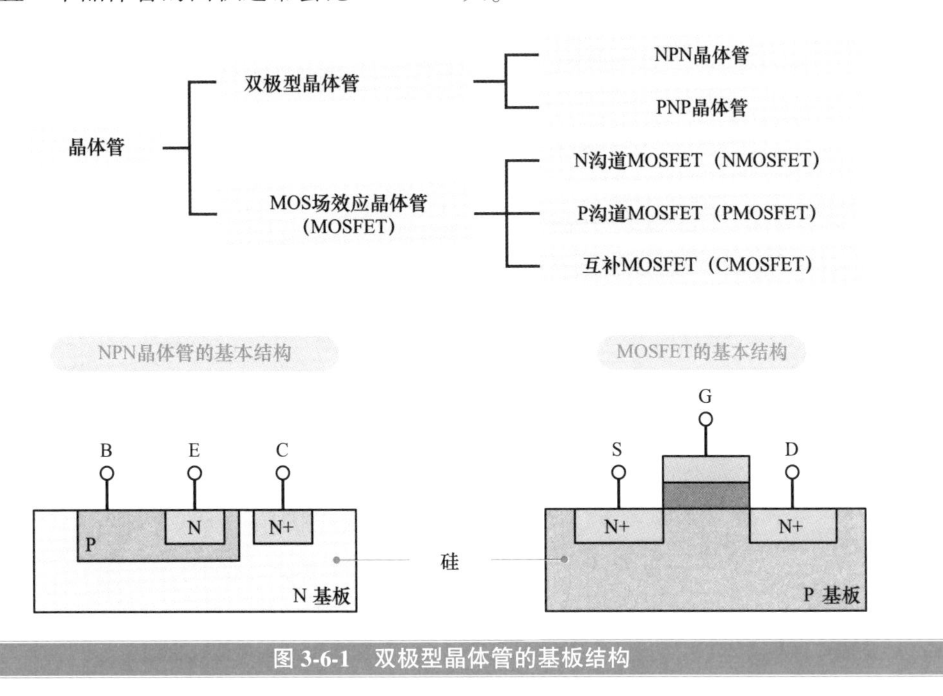

图 3-6-1　双极型晶体管的基板结构

相比之下，MOSFET 结构与 N+杂质的扩散深度无关，而是由硅表面上的尺寸（从 N+杂质到 N+杂质）决定其性能，因此，如果有微加工技术，就可以在小面积上制造出性能优越且高度集成的 IC。

目前，MOSFET 占据了大部分 IC 的原因之一是基于上述结构。

❷ MOS 场效应晶体管（MOSFET）

MOSFET 的名称来源于其结构横截面为 MOS，即 Metal（金属）-Oxide（氧化膜）-Semiconductor（半导体）的三层结构，以及其功能操作基于场效应（Field Effect）。

由于 MOSFET 中贡献电导的载流子只有一种（电子或空穴），因此从操作原理上与双极型晶体管相对应，有时也称为单极型晶体管。在电子电路中，与双极型晶体管类似，用于电信号的开关和放大。

驱动方式：使晶体管工作所需的电力驱动方式（电流还是电压?）。

驱动电力：使晶体管工作所需的电力。电力消耗越少，电能使用效率越高。

开关速度：晶体管开态（ON）和关态（OFF）切换的速度。速度越快，电子设备的速度越高。

温度稳定性：受温度变化影响的工作稳定性。温度范围越广，电子设备性能越稳定。

此外，MOSFET 根据控制电压和沟道区域的载流子可分为 N 沟道 MOSFET（NMOSFET：载流子为电子）和 P 沟道 MOSFET（PMOSFET：载流子为空穴）。利用 NMOSFET 和 PMOSFET 的互补电特性，还可以在同一基板上构建 CMOSFET（互补 MOSFET：Complementary MOSFET）。

❸ 晶体管和 MOSFET 的特点

表 3-6-1 中显示了晶体管和 MOSFET 的特点，但可能会让读者感到困惑的是驱动方式和驱动电力这两项。我们将在后续页面中详细解释，这里让我们简单解释这两个方面。

表 3-6-1　晶体管和 MOSFET 的特点

	晶体管	MOSFET
驱动方式	电流驱动（复杂的电路结构）	电压驱动（简单的电路结构）
驱动电力	大	小
开关速度	低速	高速
温度稳定性	稍差	良好
晶体管面积	大	小（通过微加工技术可以极小化）
电路类型	适用于模拟电路	适用于数字电路

晶体管需要在输入端（B）施加电压以注入电流，否则晶体管将无法工作。流动的电流意味着电能消耗。这就是晶体管的电流驱动。

MOSFET 通过在输入端（G）施加电压来工作。由于输入端（G）下方由绝缘膜制成，因此几乎不会有电流流动，电能消耗非常小。这就是电压驱动。因此，只需使用简单的电路结构即可实现对输入端（G）的电压控制。

3-7 双极型晶体管的基本工作原理

双极型晶体管有两种类型，一种是NPN晶体管，将P型半导体夹在两端的N型半导体中间；另一种是PNP晶体管，将N型半导体夹在两端的P型半导体中间。

双极型晶体管的开关作用

双极型晶体管（双极结型晶体管：Bipolar Junction Transistor）由两个PN结区域组成，其三层结构的两端分别是集电极（C）、发射极（E），中间是基极（B）。

集电极（C）是收集载流子（电子，空穴）的端子，发射极（E）是注入载流子的端子，基极（B）是控制载流子的操作基座端子。

首先，让我们以易于解释的NPN晶体管来解释双极型晶体管的开关作用。

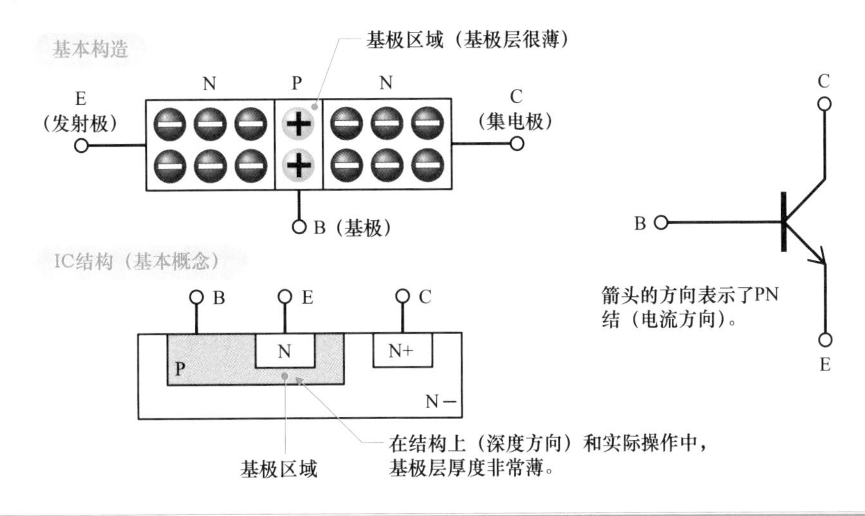

图3-7-1 NPN晶体管的结构

❶ NPN晶体管处于关态（OFF状态）时

在图3-7-3的左侧图中，如果V小于PN结的正向电压V_F，则基极到发射极之间将不会有基极电流I_B流动。

在工作条件下，我们会在C、E之间施加用于获得输出的电压V_{CE}，并在B、E之间施加输入电压V_{BE}。

此外，虽然C、E之间存在V_{CE}电压，但由于NPN结构的一部分（C、B之间）处于反向偏置状态，因此 C、E 之间不会有集电流 I_c 流动。

❷ NPN 晶体管处于开态（ON 状态）时

在图 3-7-3 的右侧图中，当在 B、E 之间施加大于 PN 结的正向电压 V_F 的电压 V_{BE}（正向偏置）时，基极电流 I_B 将流动。

在这种情况下，基极电流导致的电子移动会加速从集电极注入的电子，尽管存在反向偏置，但它们仍然会穿越非常薄的基极区域到达发射极，最终形成集电流 I_C。对于 PNP 晶体管的情况，可以按照相反电压极性的 V_{CE} 和 V_{BE} 来类似地考虑。

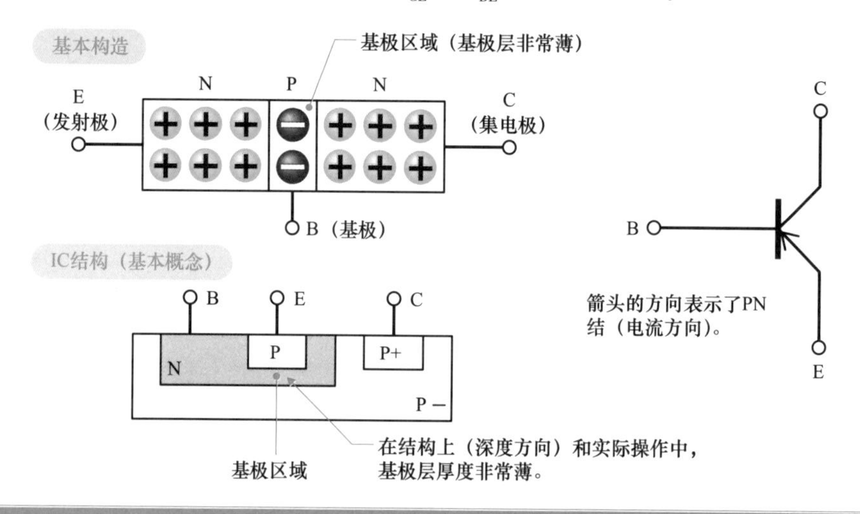

图 3-7-2　PNP 晶体管的结构

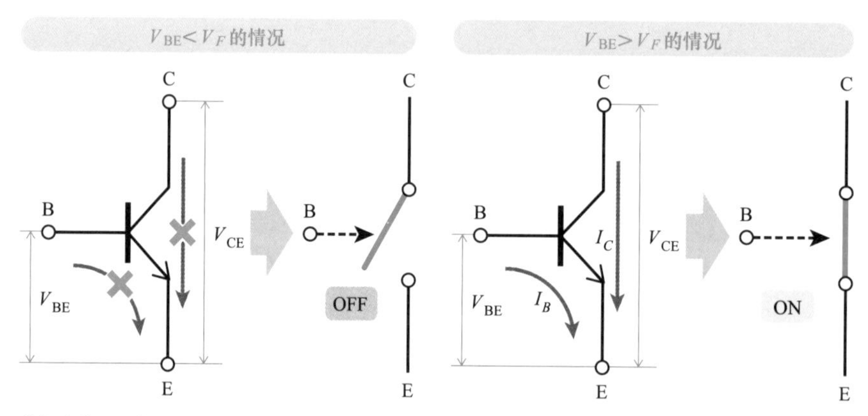

图 3-7-3　NPN 晶体管的开关作用

简而言之，NPN 晶体管的开关作用可以看作是 C、E 之间的开关，它检测基极电流 I_B是否流动，如果不流动则为关状态（OFF），如果流动则为开状态（ON），这是一种电子开关。

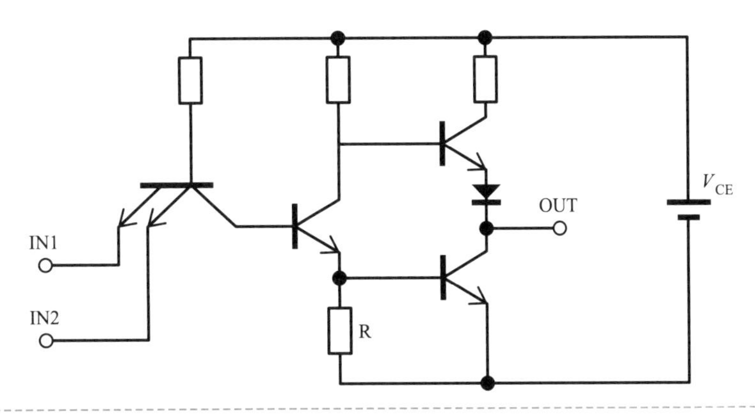

这是德州仪器公司的逻辑IC（TTL，晶体管-晶体管逻辑电路）示例。它代表了双极型晶体管时代的IC系列产品，但功耗较大，后来被CMOS取代。

图 3-7-4　双极型晶体管的逻辑电路示例

3-8 双极型晶体管的放大作用

双极型晶体管的放大作用是通过小的基极电流获得大的集电极电流 I_C。其放大倍数 hfe（$=I_C/I_B$）称为电流放大率。

双极型晶体管的放大作用

首先稍微详细地解释一下前面的 NPN 晶体管从关断状态到导通状态的过程，可参考图 3-8-1。

当在 B、E 之间施加大于 PN 结正向电压 V_F的电压 V_{BE}时，B、E 之间处于正向偏置状态，因此基极电流 I_B流动。

在这个时候，从发射极注入的电子数量很多，但其中一小部分电子与基区的空穴结合并消失，形成了基极电流 I_B。

然而，从发射极注入的大多数电子，并没有因为与基区的空穴结合而消失，而是穿越了非常薄的基区（P 型半导体区域），到达了集电极，形成了集电流 I_C。这就是 NPN 晶体管处于导通状态的情况。实际上，得到的集电极电流 I_C要大于发射极电流 I_E。

换句话说，这意味着通过小的基极电流 I_B可以获得大的集电极电流 I_C。

这就是双极型晶体管的放大作用。现在通过数学公式来详细解释这个放大作用。

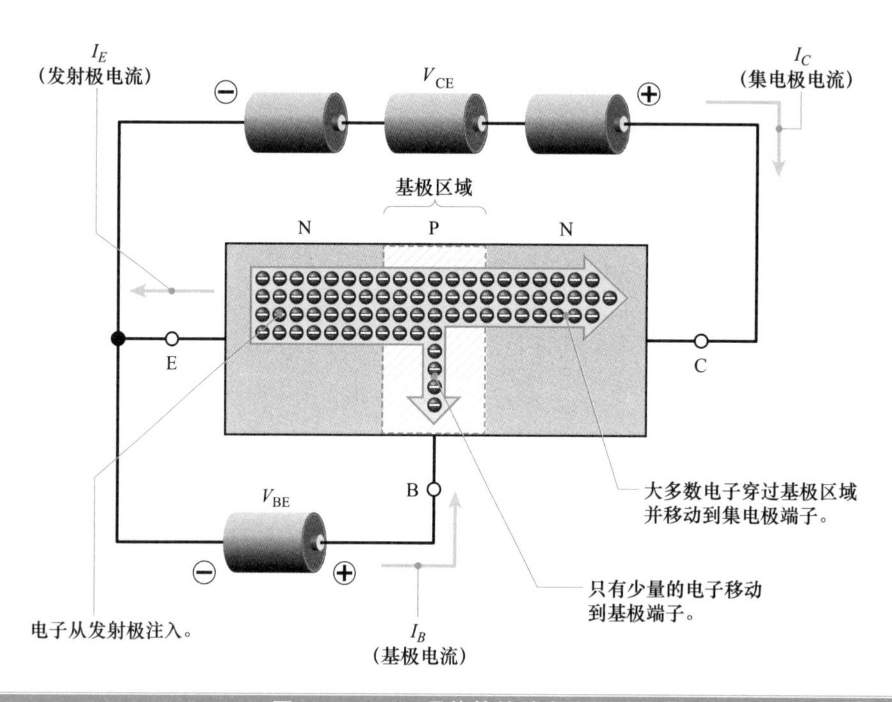

图 3-8-1 NPN 晶体管的放大作用

在“图 3-8-2 通过电路图解释放大电路”中，以下的公式 3-8-1 关系成立：

$$I_E=I_B+I_C \qquad （式 3-8-1）$$

由于 $I_C>I_E$，所以得到公式 3-8-2。

$$I_E= I_B+ I_C\approx I_C \qquad （式 3-8-2）$$

在这里，如果将 I_C/ I_E视为 hfe（电流放大率：通常为 100~500），则得到公式 3-8-3。

$$I_C= \text{hfe}\cdot I_B \qquad （式 3-8-3）$$

由此结果可知，集电极电流 I_C被放大到基极电流 I_B的 hfe 倍。这就是双极型晶体管放大作用的基本原理。

PNP 晶体管也通过类似的操作实现放大作用，不过电压的施加方式（+,-）相反。

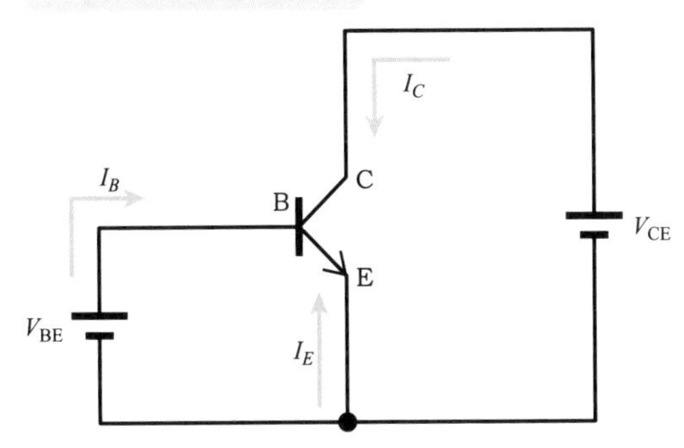

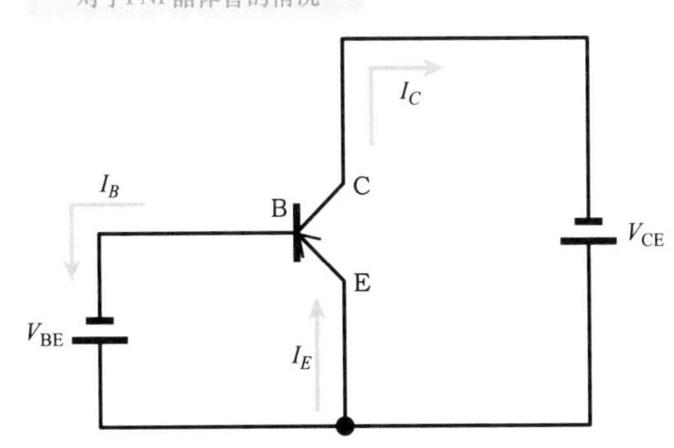

图 3-8-2 通过电路图解释放大电路

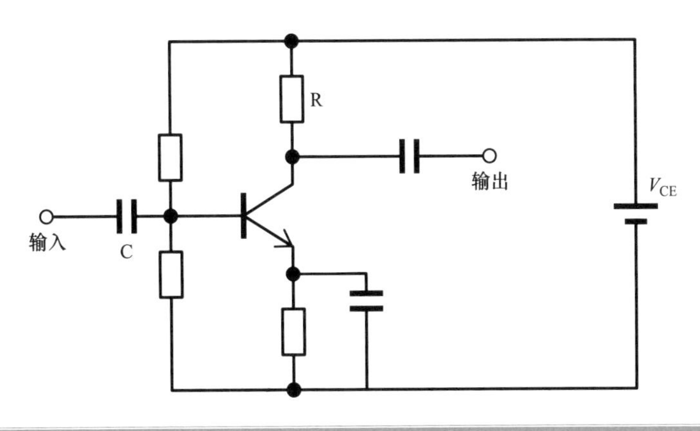

图 3-8-3 晶体管放大电路示例（NPN 晶体管）

3-9 IC 必需的 MOS 场效应晶体管

MOS 场效应晶体管（MOSFET）的结构非常简单，它在半导体基板（硅晶圆）上创建了源区和漏区，从栅极穿过氧化膜对沟道区施加电场。

MOS 场效应晶体管（MOSFET）的基本结构

MOSFET 的结构，正如前文所述，是 MOS：金属-氧化物-半导体的三层结构。

MOSFET 的操作是通过在栅极（G）上施加电压与否在漏极（D）和源极（S）之间夹着的沟道区域引发电流通路（类似于载流子桥梁），从而控制 D 到 S 之间的电流。

因此，从结构上看，它在半导体基板上创建了源区和漏区，通过从栅极穿过氧化膜施加电场到沟道区域，形成了一个简单的结构。

在沟道区域中，起导电作用的载流子沿沟道长度（L）方向上运动，沟道宽度（W）方向则是其宽度方向。

与双极型器件的纵向结构不同，MOSFET 具有横向（表面）结构，因此制造相对容易且可微缩化，非常适用于需要高度集成的 LSI。

此外，双极型晶体管通过电流驱动（复杂的电路结构）工作，而 MOSFET 通过电压驱动（简单的电路结构）工作，因此能够显著降低驱动功耗（消耗电能）也是其重要优势之一。

正如前面提到的，根据在沟道区域起导电作用的载流子类型，可以将 MOSFET 分为电子导电的 N 沟道 MOSFET（NMOSFET）和空穴导电的 P 沟道 MOSFET（PMOSFET）。

图 3-9-1 中显示的 MOSFET 基本结构是为了更容易解释其工作原理而展示的简单结构，最新的 MOSFET 结构已随着微缩而从平面结构进化为三维结构，但基本思想没有改变。三维化的演变过程如图 3-9-3 所示，供参考。

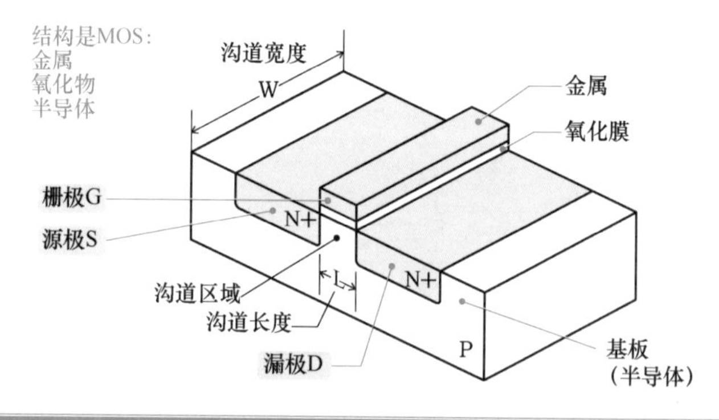

图 3-9-1 N 沟道 MOSFET（NMOSFET）的基本结构

沟道长度L的距离对于IC的高性能化起着最关键的作用。

MOSFET结构中沟道长度L的距离越短，载流子（电子，空穴）可以越快地在沟道区域（沿沟道长度L方向）移动，从而加速了在漏极和源极之间建立开关动作（ON/OFF）的过程。

沟道（channel）原本指的是传输路径、频带或海峡等含义。虽然现在有新干线隧道，但以前青函船只是在津轻海峡上航行。对于相同速度的船只来说，青森到函馆的距离越短，就能够越快渡过。同样地，要提高集成电路（IC）和大规模集成电路（LSI）的性能，最重要的是尽量缩短漏极和源极之间的距离（沟道长度）。

虽然有点跑题，但如果不能缩短距离（沟道长度）怎么办呢？解决方案是用具有高电子迁移率的半导体材料来替代，就像将高速喷气船替代青函船以缩短航行时间一样。也就是使用电子迁移率较高的半导体材料。之前使用砷化镓（GaAs）作为高频半导体材料，因为其电子迁移率大约是硅的5倍。

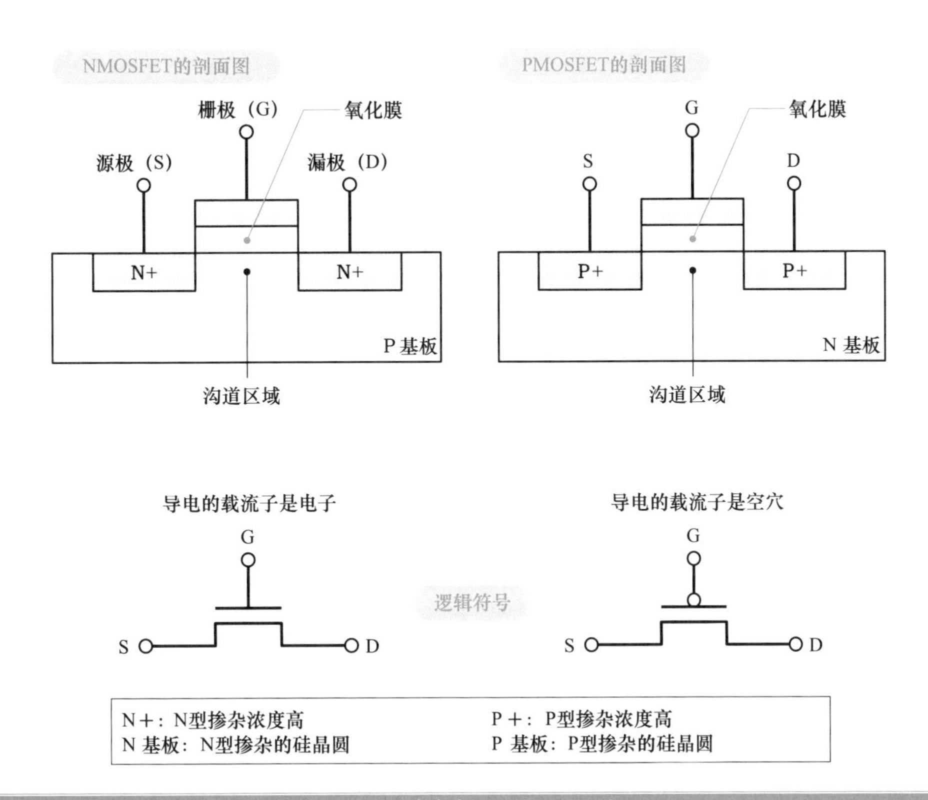

图3-9-2 MOSFET中包括NMOSFET和PMOSFET

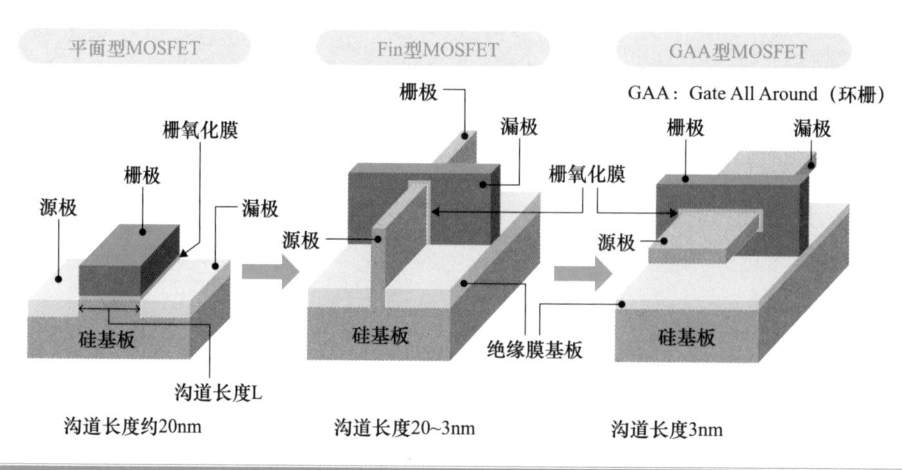

图 3-9-3 随微缩而发展的 MOSFET 的三维化

3-10 基于 MOSFET 场效应的基本工作过程

MOSFET 是一个三端子结构。当在栅极（G）上施加电压时，周围产生电场。这个电场通过氧化层传递，影响位于栅极正下方的沟道区域，从而控制了漏极（D）和源极（S）之间的电流，使晶体管正常工作。

MOS 场效应晶体管（MOSFET）的基本操作

在这里，我们将通过易于理解的 NMOSFET 详细解释 MOSFET 结构的电压驱动操作。

MOSFET 是一个三端子结构，由电子供应点（源）的源极（S）、电子出口的漏极（D）和控制电压的栅极（G）组成。

通过控制施加在栅极上的电压大小，可以控制源极和漏极之间的电流流动或停止。

❶ MOSFET 基于场效应控制电流：电流不流动的情况

在图 3-10-2 中，考虑下方的 NMOSFET（截面结构），同时与上方的水路进行比较。在左上图中，水路中的水源由于栅极（关闭）的阻止而停止流动，并且不会从漏极流出。

这种状态相当于当栅极（G）未施加电压到左下图的 NMOSFET 的栅极（G）时。因此，在沟道区域内，从源极（S）到漏极（D）的电子流动是不存在的。

这种状态将在后续被称为“NMOSFET 处于关闭状态”。

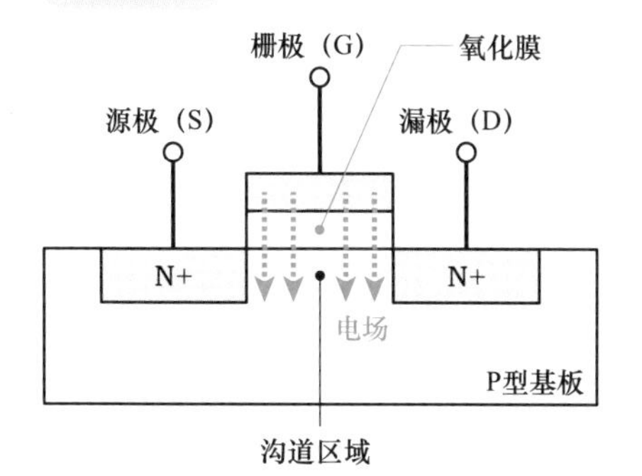

操作是场效应型（FET）

施加栅极电压时，电场通过栅极作用于P型基板，并通过影响沟道区域来实现晶体管的操作。

FET（场效应晶体管）表示电场影响其操作的晶体管。电场是指当施加电压时，对周围（空间）产生电学影响的现象。

图 3-10-1　MOSFET 的操作是场效应型（以 NMOSFET 为例）

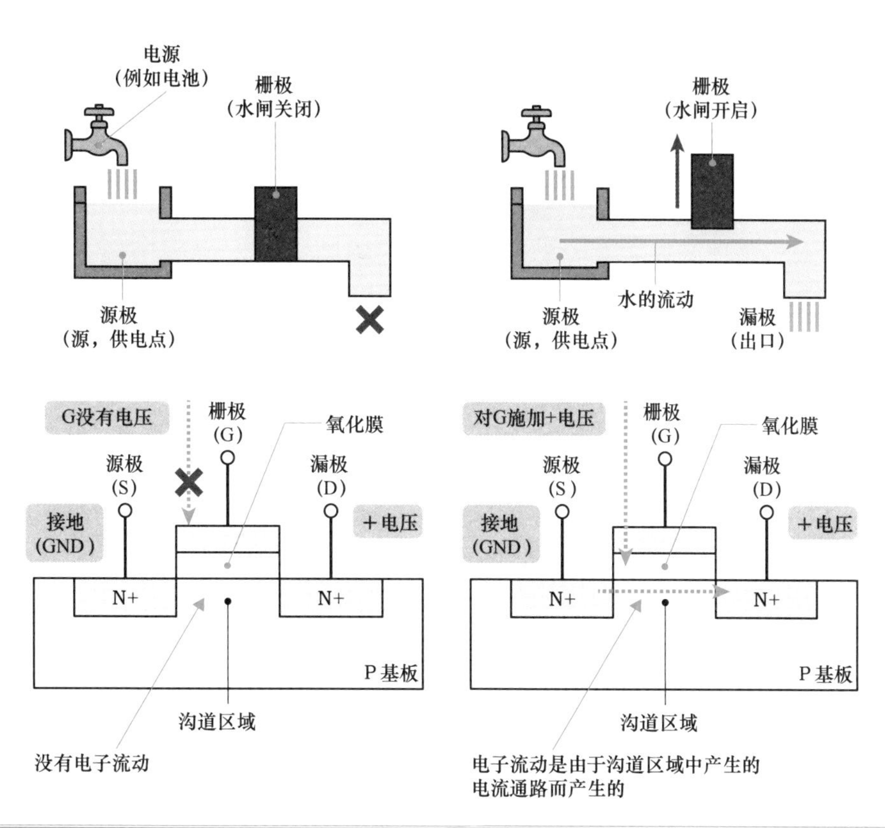

图 3-10-2　MOSFET 基于场效应控制电流（以 NMOSFET 为例）

❷ MOSFET 基于场效应控制电流：电流正在流动的情况

在右上图中，水路中的水源由于栅极（开启）而流动，水从漏极（出口）流出。

这种状态相当于当栅极（G）施加电压到右下图的 NMOSFET 的栅极（G）时。因此，沟道区域中生成了电流通路，从源极到漏极的方向产生了电子流动。

这种状态将在后续被称为“NMOSFET 处于 ON 状态”。

对于 NMOSFET，值得注意的是电流的方向与电子的方向相反，电流从漏极流向源极。

尽管这里是关于 NMOSFET 的描述，但对于 PMOSFET，通过反转施加电压的极性（栅极、漏极都为负电压），可以进行类似的操作说明。

另外，当在 MOSFET 的栅极上施加电压，并在沟道区域最初生成电流通路时，所需的电压称为阈值电压（V_{TH}），我们将在接下来的页面中进行详细解释。

MOSFET 中的栅极氧化膜作用

在 MOSFET 中，通过在金属栅极（G）和源极（S）之间施加电压，对半导体基板产生电场影响，从而使晶体管工作。因此，如果栅极（G）与半导体基板没有完全绝缘，就会导致从栅极（G）到半导体基板的漏电流，从而无法为栅极 G 施加电压，MOSFET 将无法工作。

因此，在 MOSFET 结构中，氧化物具有非常重要的作用。在金属和半导体之间需要具备以下特性的高品质栅极氧化膜：与半导体基板之间界面分明、没有绝缘破坏和漏电流，并且在最新的微细结构中还需要是高容量绝缘膜（极薄氧化膜）。

目前，硅被用于半导体基板是因为晶圆相对廉价，并且可以相对容易地制造出高品质的硅氧化膜（SiO_2）。

3-11 NMOSFET 的开关过程

在 NMOSFET 中，我们将施加电压 V_{DS}（漏极 D 到源极 S 间的电压）和 V_{GS}（栅极 G 到源极 S 间的电压）来理解开关操作（OFF→ON）。

NMOSFET 的开关操作原理

我们将使用易于理解的 NMOSFET 来解释 MOSFET 的开关操作（从 OFF 到 ON 的切换状态）。需要注意的是，在本节的 NMOSFET 中，源区和漏区都掺有 N 型杂质，因此有大量载流子电子，P 基板是 P 型半导体（主要载流子是空穴），但要意识到在此解释中，少

量电子也存在。

❶ 开关为 OFF 时（当 $V_{GS}<V_{TH}$时）

图 3-11-1 显示了栅极电压 V_{GS}的从零逐渐升高到低于 V_{TH}的状态。由于栅极 G 电压 V_{GS}仍然低于 V_{TH}，所以栅极下的沟道区域没有变化。因此，源极 S 到漏极 D 之间是没有电子移动的，NMOSFET 处于 OFF 状态。

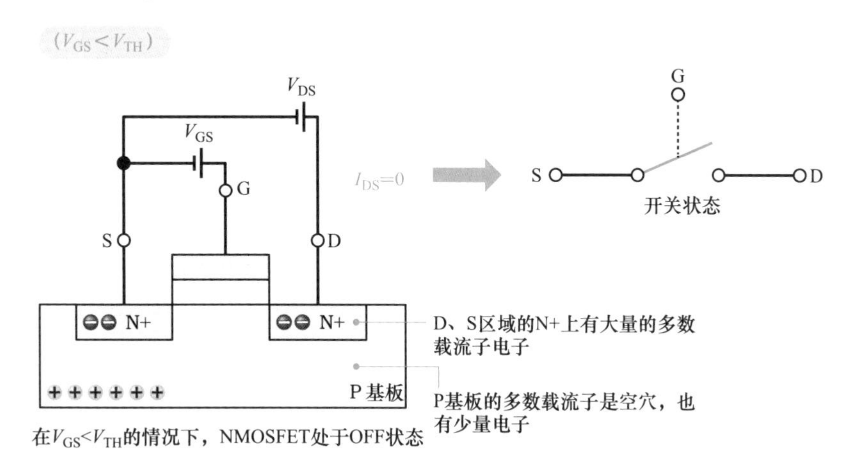

图 3-11-1　当 NMOSFET 处于 OFF 状态（$V_{GS}<V_{TH}$）时

❷ 当开关最初打开时（当 $V_{GS}=V_{TH}$时）

图 3-11-2 显示了 V_{GS}逐渐升高，直到 $V_{GS}=V_{TH}$时的过程。从 $V_{GS}<V_{TH}$的状态开始，继

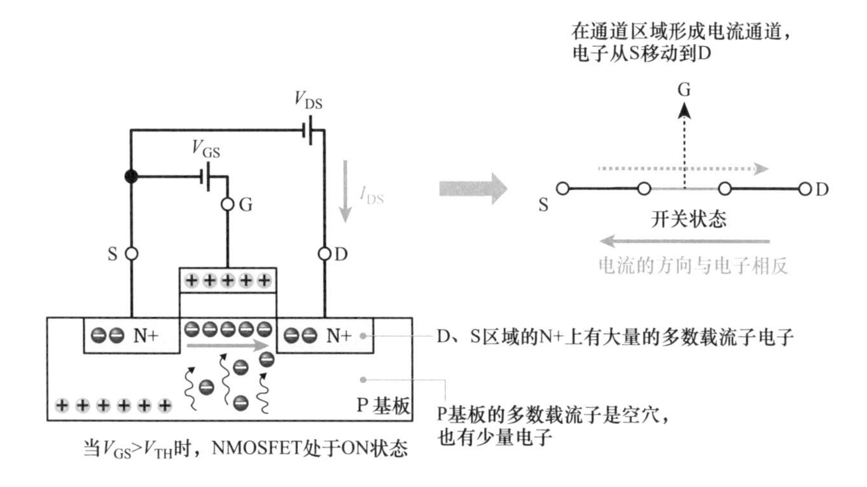

图 3-11-2　当 NMOSFET 处于 ON 状态（$V_{GS}=V_{TH}$）时

续升高 V_{GS}的电压，栅极 G 逐渐被+电荷填满，栅极下表面的沟道区域逐渐吸引-电荷的电子。这是从 P 型基板（主要载流子是空穴）中诱导出-电荷的电子（少数载流子）到 NMOSFET 表面。

这样，当栅极 G 和源极 S 之间的电压 V_{GS}达到 $V_{GS}=V_{TH}$时，最终漏极 D 和源极 S 的两个端子通过电流通路（也可以理解为电子的桥梁）连接在一起。

准确来说，这种状态是指沟道区域的载流子从 P 型半导体的空穴到 N 型半导体的电子的反转状态。

此时，由于在漏极 D 和源极 S 之间施加了电压 V_{DS}，通过沟道区域的电流通路（电子的桥梁），电子可以从源极 S 流向漏极 D。结果，从漏极 D 到源极 S 的电流 I_{DS}开始流动。

这就是 NMOSFET 开关从 OFF 到 ON 的初始状态。

❸ 当开关打开，电流进一步增大时（$V_{GS}>V_{TH}$时）

图 3-11-3 显示了 $V_{GS}>V_{TH}$的情况。沟道区域内形成电流通路的电子数量增加，电流 I_{DS}也进一步增大。

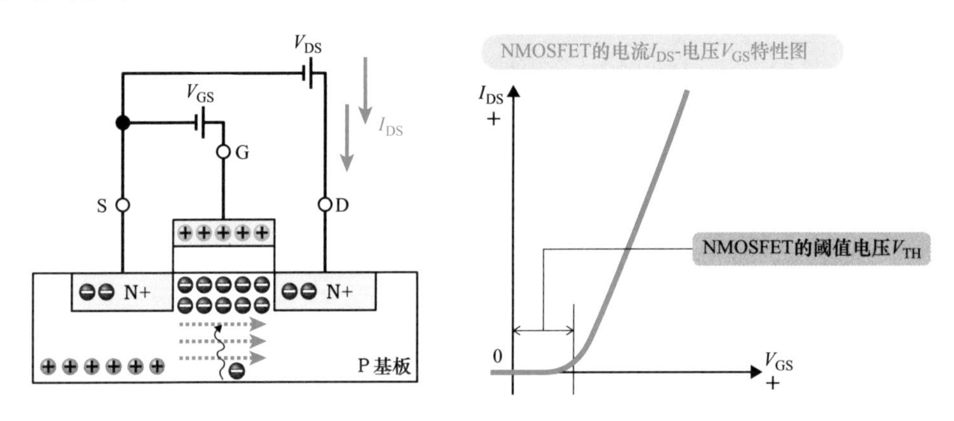

图 3-11-3　当 NMOSFET 处于打开状态并且电流进一步增加时（$V_{GS}>V_{TH}$）的情况

值得注意的是，从右侧的电流 I_{DS}-电压 V_{GS}特性图中可以看出，电流 I_{DS}随着电压 V_{GS}的增大而成比例地增大。这表明电压 V_{GS}对电流 I_{DS}有放大作用。

3-12 PMOSFET 的开关过程

我们将了解 PMOSFET 的开关动作（从 OFF 到 ON）。但是请注意，对于 PMOSFET，漏极端子 D 到源极 S 之间的电压 V_{DS}和栅极 G 到源极 S 之间的电压 V_{GS}的极性与 NMOSFET

的情况相反。

PMOSFET 的开关（OFF 到 ON）的工作原理

我们将解释 PMOSFET 的开关动作（从 OFF 到 ON 的过渡状态）。

首先，请注意，与 NMOSFET 中参与导电的载流子为电子不同，PMOSFET 中参与导电的为空穴。因此，PMOSFET 与 NMOSFET 相反，漏区和源区添加了 P 型杂质，因此在这些区域有很多空穴，N 基板是 N 型半导体（主要载流子为电子），但请注意，还存在少量的空穴。

另外，PMOSFET 在负电压下运行，因此为了更容易理解，电压和电流的表示将使用绝对值。

❶ 当开关处于关闭状态时（$|V_{GS}| < |V_{TH}|$）

图 3-12-1 显示了栅极电压 $|V_{GS}|$ 的电压范围从零到 $|V_{TH}|$ 以下的状态。由于栅极电压 $|V_{GS}|$ 仍然在 $|V_{TH}|$ 以下，因此栅极下方的沟道区域没有变化。因此，从源极 S 到漏极 D 的空穴没有发生移动，MOSFET 开关处于关闭状态。

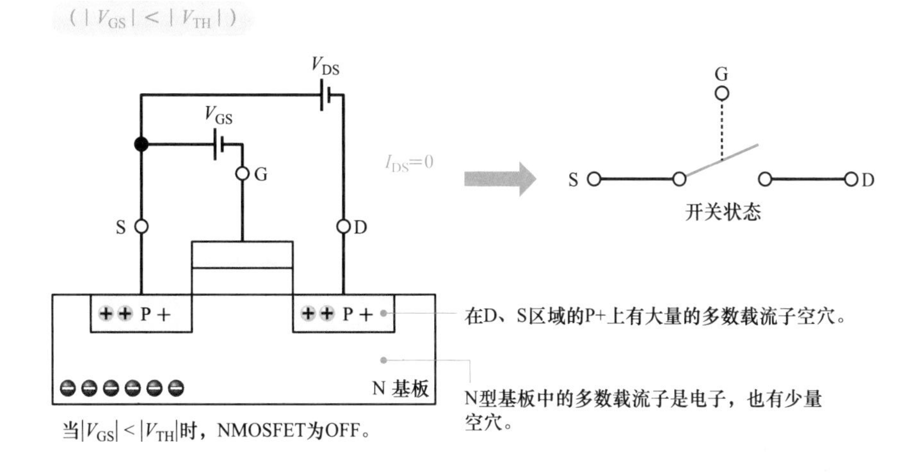
(|VGS| < |VTH|)
VDS
VGS
G
S
D
IDS=0
S
D
开关状态
P +
P +
N 基板
在D、S区域的P+上有大量的多数载流子空穴。
N型基板中的多数载流子是电子，也有少量空穴。
当|VGS| < |VTH|时，NMOSFET为OFF。

图 3-12-1　当 PMOSFET 为 OFF 状态时（$|V_{GS}| < |V_{TH}|$）

❷ 开关第一次处于 ON 状态时（$|V_{GS}| = |V_{TH}|$）

图 3-12-2 展示了当施加的 $|V_{GS}|$ 逐渐升高直到最初达到 $|V_{GS}| = |V_{TH}|$ 的状态。从 $|V_{GS}| < |V_{TH}|$ 的状态开始，当进一步提高 $|V_{GS}|$ 的电压时，栅极 G 逐渐被电荷填满，沟道区域的+电荷空穴逐渐被吸引过来。

这是从 N 型半导体（多数载流子为电子）向 NMOSFET 表面诱导出+电荷空穴（少数

载流子）的过程。这样，当在G和S之间的电压$|V_{GS}|$达到$|V_{GS}|=|V_{TH}|$时，最终，漏极D和源极S之间通过电流通路（可以看作是空穴的桥梁）连接起来。

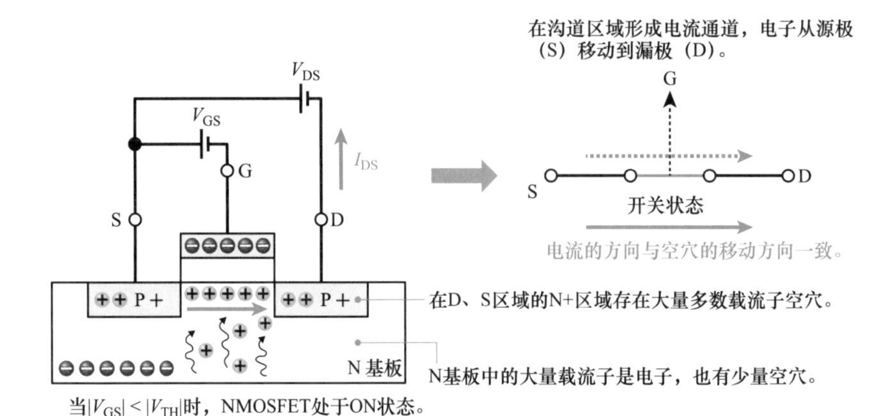

图3-12-2 当PMOSFET处于ON状态（$|V_{GS}|=|V_{TH}|$）时的情况

准确地说，这种状态是指沟道区域的载流子从N型半导体的电子反转到P型半导体的空穴的状态。

在这种情况下，由于在漏极D和源极S之间加有电压$|V_{DS}|$，通过沟道区域的电流通路（空穴的桥梁），电荷可以从源极S向漏极D移动。结果，电流I_{DS}开始从源极S流向漏极D。

这就是PMOSFET开关从OFF到ON的初始状态。

❸ 当开关处于ON状态且电流进一步增大时（$|V_{GS}|>|V_{TH}|$）

图3-12-3显示了$|V_{GS}|>|V_{TH}|$的情况。形成电流通路的载流子数量进一步增加，电流I_{DS}也显著增大。I_{DS}-V_{GS}特性与NMOSFET相似，但电压和电流的方向相反。

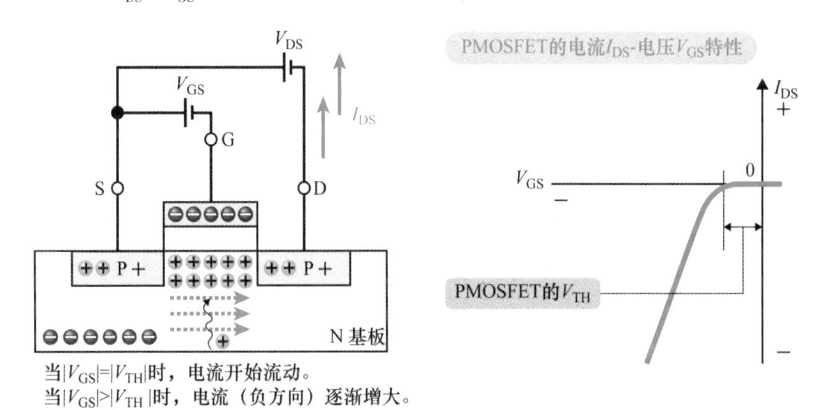

图3-12-3 当PMOSFET处于ON状态且电流进一步增大时（$|V_{GS}|>|V_{TH}|$）

3-13 被广泛用于IC的CMOS是什么？

CMOS（互补MOS）是指使用NMOSFET和PMOSFET作为一对的逻辑电路结构，将NMOSFET和PMOSFET的操作特性相互补充地组合在一起的电路结构。

“互补”“Complementary”是什么意思？

“互补”“Complementary”一词表示的是一种“在某种关系中互相补充”的概念。在CMOS中，利用NMOSFET的门电压为1时开关处于ON状态，而在PMOSFET中，门电压为0时开关处于ON状态的特性，这样它们在相同的门电压下可以互补地工作，实现了一种互补的关系。

CMOS IC（由CMOS构成的集成电路）具有低电压操作能力（具有低功耗性能）和较大的抗噪声裕度（不容易受到噪声影响）等优势，相较于单独使用NMOSFET或PMOSFET构成的电路，目前在电子设备中作为集成电路被广泛使用。

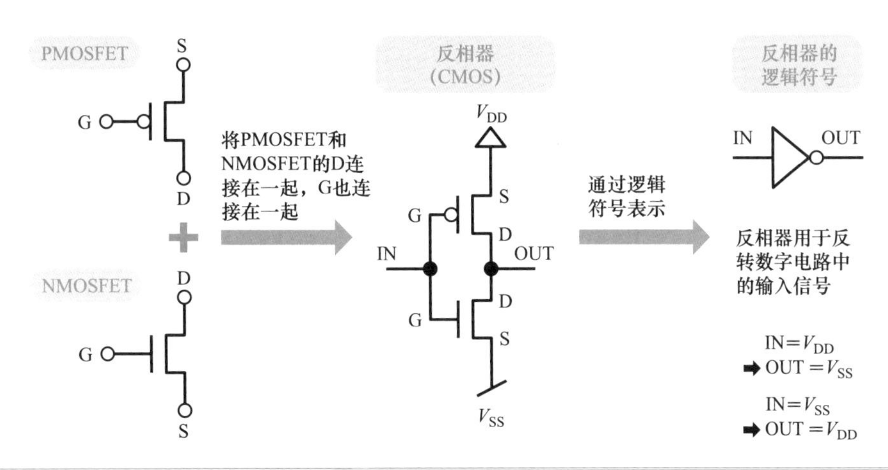

图3-13-1 CMOS是成对使用NMOSFET和PMOSFET的电路结构

CMOS 反相器的电路结构

CMOS 反相器是指 CMOS 类型的反相器（反转电路、非门电路）。有关反相器本身的内容将在后面的页面中讨论。

图 3-13-1 中的 CMOS 逻辑电路反相器的构造将 NMOSFET 和 PMOSFET 的栅极 G 连接在一起作为输入信号 IN，将它们的漏极（D）连接在一起作为输出信号 OUT，将 PMOSFET 的源极 S 连接到电源电压（V_{DD}），将 NMOSFET 的源极 S 接地（V_{SS}）。

为什么在 CMOS 反相器中，MOSFET 的漏极（D）相互连接？你可能觉得很奇怪。我们已经解释过了，但让我们再次回顾一下。

到目前为止，在与 NMOSFET 和 PMOSFET 有关的操作说明中，源极 S 到漏极 D 和栅极 G 的电压分别用 V_{DS}和 V_{GS}表示，但在 PMOSFET 中，这些值以绝对值表示，实际上是负数。因此，为了以相同的栅极电压将 NMOSFET 和 PMOSFET 设置为 ON/OFF，必须反转栅极 D 和源极 S 的电压极性，将 PMOSFET 的源极 S 连接到 V_{DD}，将 PMOSFET 的漏极 D 连接到 NMOSFET 的漏极 D。这种关系是为了实现互补运算的必要条件。

CMOS 电路在集成电路中的断面结构

如果要在集成电路中实现上述的 CMOS 反相器电路结构，那么就需要在硅基板上创建一对 NMOSFET 和 PMOSFET。NMOSFET 和 PMOSFET 不是分开制作，也不是将两个 MOSFET 进行线路连接或连接在一起。

因此，在一个半导体基板上需要制作 P 型和 N 型两种 MOSFET，为了在初始加工阶段在硅基板上创建 P 型和 N 型的两种 MOSFET，必须事先制作用作其中一种基板的替代区域。

在图 3-13-2 的示例中，NMOSFET 使用了 N 基板（N 型半导体基板）的一部分区域，创建了一个 P 阱（作为 P 基板的功能区域）。同样，也可以在 P 基板（P 型硅晶圆）上创建 N 阱，或者同时创建两种阱。

由于 NMOSFET 和 PMOSFET 需要进行元件隔离，因此在 MOSFET 之间创建了由绝缘材料（SiO_2氧化膜）构成的元件隔离区域。在图示中，元件隔离的方法是采用浅沟槽隔离（STI，Shallow Trench Isolation）结构，这在“图 1-4-2 半导体元件的硅基隔离方法”中有说明。

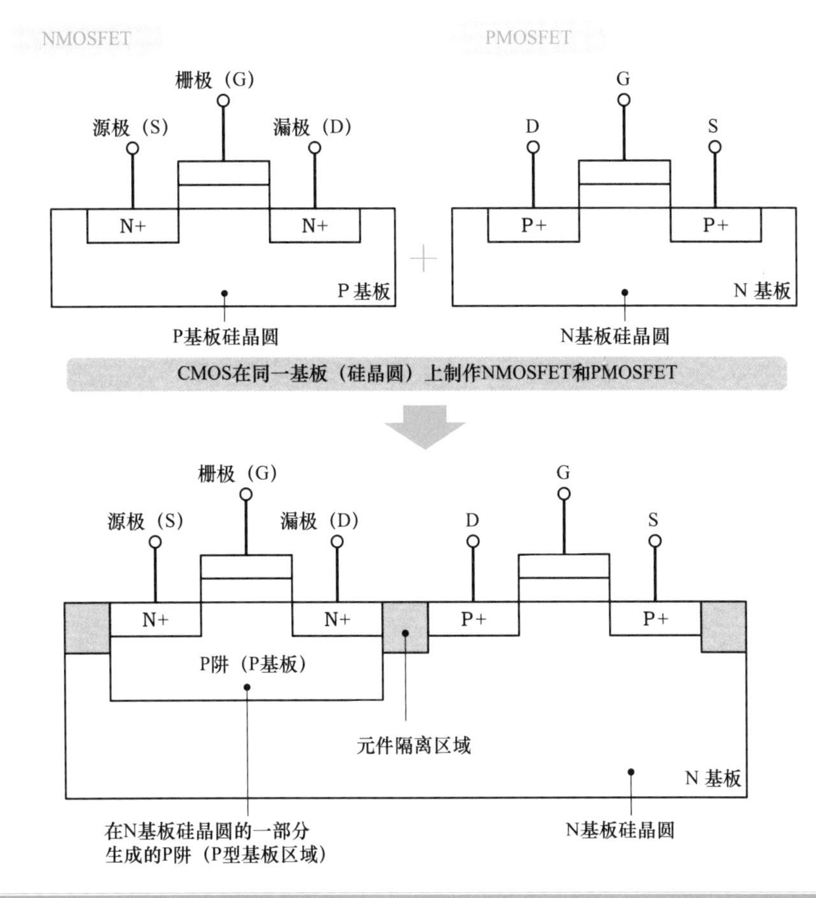

图 3-13-2　CMOS 的截面结构（NMOSFET+PMOSFET）

3-14 CMOS 为何能够低功耗？

在 CMOS 结构的集成电路中，将 CMOS 反相器作为最基本的逻辑电路。CMOS 反相器在输入保持稳定（1、0）时无效电流为零，是数字电路（广泛搭载于许多 LSI 中）的最佳配置。

CMOS 反相器的运作（输入为 H、L 时无效电流为零的原因）

CMOS 反相器的电路结构将 PMOSFET（PMOS）的源极连接到电源电压 V_{DD}（在逻辑电路中将其称为高电平 H），NMOSFET（NMOS）的源极连接到低电压 V_{SS}（在逻辑电路中将其称为低电平 L）。同时，将 NMOS 和 PMOS 的栅极连接到输入信号端子 IN，将两者的漏极连接到输出信号端子 OUT。

基本操作是反转输入电路的信号，即当 IN=H 时 OUT=L，当 IN=L 时 OUT=H。

❶ CMOS 反相器：输入（IN）=L 的情况

图 3-14-1 左侧图显示当输入（IN）为 L 时，NMOS 的栅极被施加电压 V_{SS}，所以状态为 OFF，而 PMOS 的栅极则被施加电压 V_{SS}，状态为 ON。

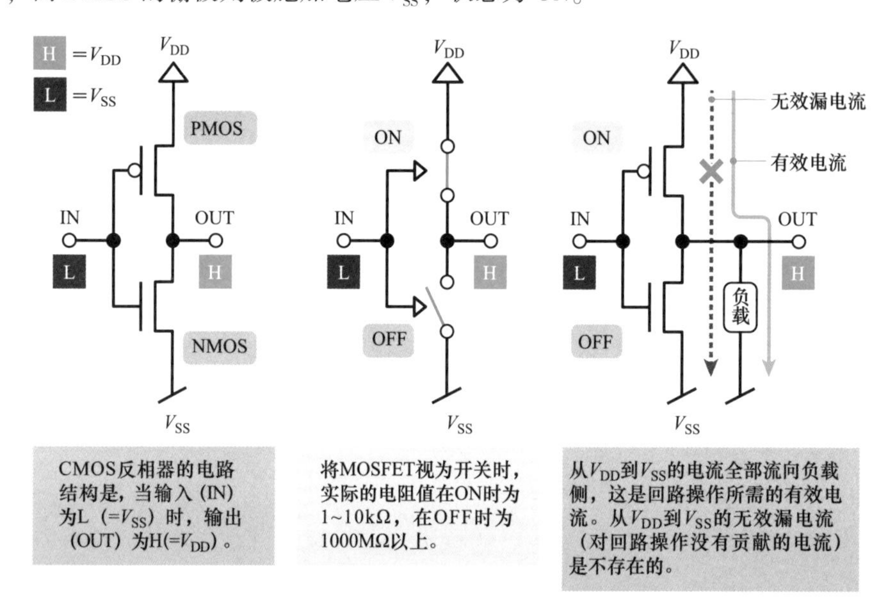

图 3-14-1 CMOS 反相器的输入为 L=V_{SS}的情况

在这种情况下，将 MOSFET 视为开关，其中 NMOS 为 OFF，PMOS 为 ON。此时，NMOS=OFF 时的实际电阻值约为 1000MΩ，PMOS=ON 时的实际电阻值为 1~10kΩ，但由于电阻分压比，作为开关时基本上与 OFF 和 ON 没有区别。右侧图显示了在此状态下电流的流动情况。输出（OUT）连接到负载上，电流从电源 V_{DD}流向负载。在这种情况下，负载是下一级电子电路（例如，同样是反相器），因此电流是有效的。

值得注意的是，CMOS 反相器的驱动是通过驱动 MOSFET 的栅极来完成的，因此实际上几乎不需要电流。这就是通过 MOSFET 的电压驱动，相对于双极型晶体管的电流驱动，可以以更少的功率实现电路操作的原因。

电流通路中还有一条从 V_{DD}到 V_{SS}的电流。由于这个电流对驱动电路没有贡献，因此它变成了不必要的漏电流。CMOS 的优越之处在于，在反相器的电流通路中，由于 NMOS 或 PMOS 之一始终处于 OFF 状态，电流几乎接近零，因此可以说没有无效的漏电流。正如前面所述，在 IN=L 的情况下，NMOS 处于 OFF 状态，电流不会流动。

❷ CMOS 反相器：输入（IN）= H 的情况

在图 3-14-2 的左侧图中，当输入（IN）为 H 时，NMOS 的栅极连接到 V_{DD}，因此处于 ON 状态，而 PMOS 的栅极连接到 V_{DD}，因此处于 OFF 状态。

将这种情况下的 MOSFET 看作是开关时，中间图中显示了 NMOS 为开关 ON，PMOS 为开关 OFF。此时，NMOS 和 PMOS 的实际电阻值与 IN = L 的情况相反，但由于电阻分压的电压比例，几乎可以视为 ON 和 OFF，不会有太大差异。

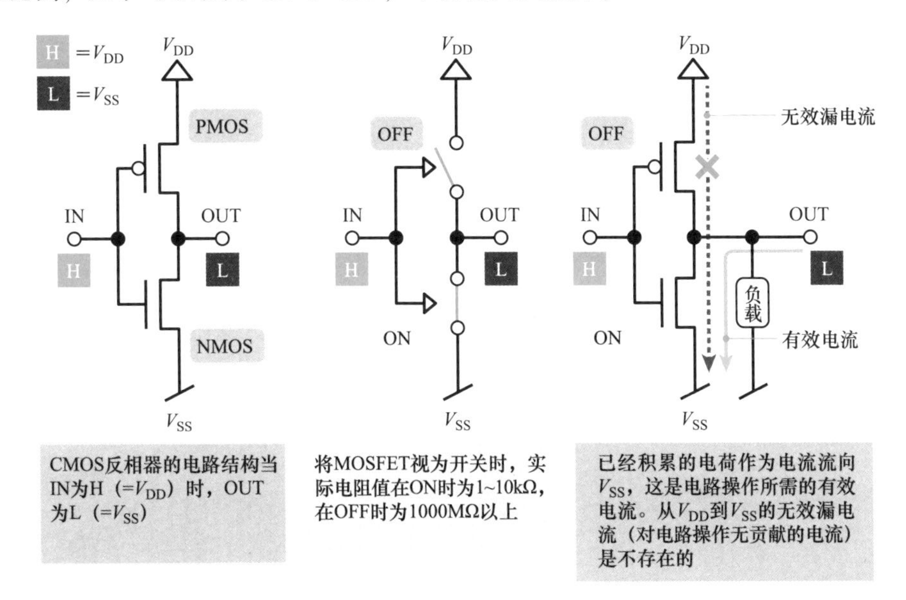

图 3-14-2 CMOS 反相器的输入为 H = V_{DD} 的情况

右侧图显示了在这种状态下电流的流向。驱动负载并积累的电荷作为放电电流有效地作用，并且可以流向 V_{SS} 一侧。

电流路径还有另一条由 V_{DD} 流向 V_{SS} 的电流，但与 IN = L 的情况类似，NMOS 或 PMOS 之一始终为 OFF，因此电流路径不存在，反向电流（漏电流）几乎不存在。如前所述，在这里，当 IN = H 时，PMOS 处于 OFF 状态，电流不会流动。

❸ CMOS 电路的优势

正如上文所述，CMOS 反相器作为数字电路的基础，其功耗电流全部被有效地用于电路操作，没有静态反向电流。这正是 CMOS 反相器具有低功耗的原因。至于为什么不使用 CMOSFET，而使用 NMOSFET 或 PMOSFET 的反相器，将在下面进行解释，但它们会产生静态的无效漏电流。

3-15 NMOS、PMOS 反相器与 CMOS 反相器的工作过程比较

随着 CMOS 工艺（制造技术）正式投入量产阶段，令人惊叹的低功耗实现成为可能，目前的智能手机、个人计算机等移动设备也得以实现。在本节中，我们将比较 CMOS 出现之前的 NMOS、PMOS 反相器的操作与 CMOS 反相器的差异。

NMOS 反相器和 PMOS 反相器产生无效电流的操作

我们将解释 NMOS 反相器和 PMOS 反相器的操作。

NMOS 反相器和 PMOS 反相器的操作说明如下：

图 3-15-1 上半部分显示的是由 NMOS 构成的反相器电路。当 NMOS 反相器中 IN = L 时，NMOS 将处于 OFF 状态，OUT = H，从而使电荷驱动负载产生有效电流。此时，由于 NMOS 处于 OFF 状态，从 V_{DD} 到 V_{SS} 的电流不会流动。

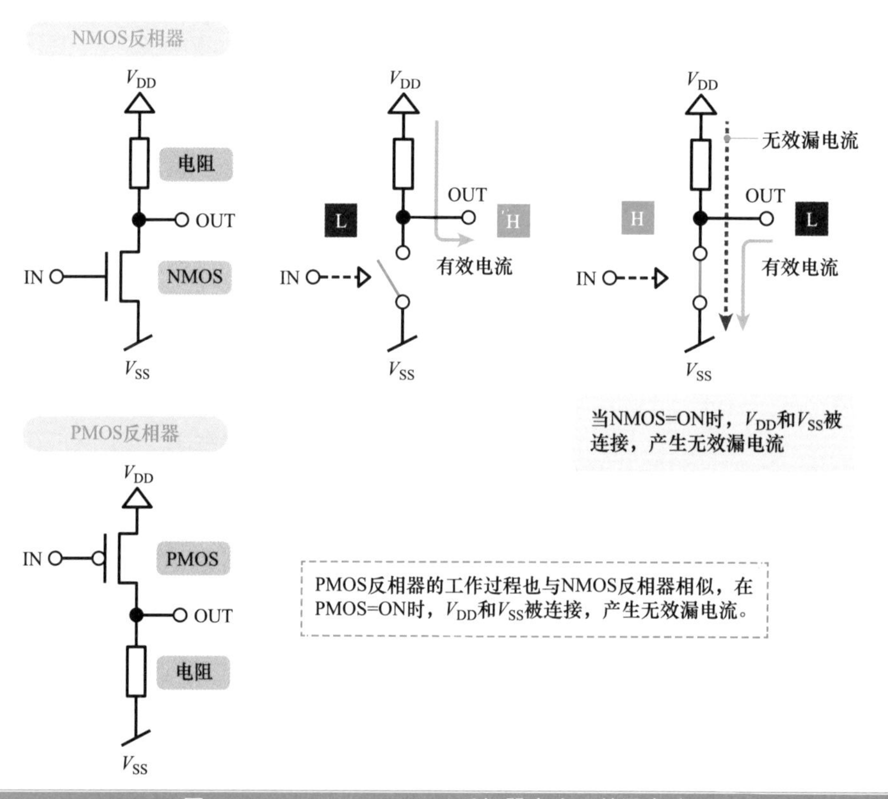

图 3-15-1 NMOS、PMOS 反相器产生无效漏电流

接着，当 IN=H 时，NMOS 将处于 ON 状态，OUT=L，这时负载的电荷将流向 V_{SS}，形成有效电流（负载被充电时的放电电流）。然而，由于 V_{DD}通过电阻连接到 V_{SS}，将有电流流动。这是一个不会对电路操作产生贡献的无效漏电流。

如上所述，NMOS 反相器在 IN=H（OUT=L）时产生漏电流。在数字电路中，信号为“0”或“1”，因此在操作的半个周期内会有漏电流流动，从而导致功耗增加。

PMOS 反相器的操作也相同，但反过来，当 PMOS=ON 且 N=L（OUT=H）时，将产生漏电流，同样在操作的半个周期内会有漏电流流动，导致功耗增加。

在数字集成电路的集成度不断提高的情况下，如果继续使用 NMOS 反相器或 PMOS 反相器的电路结构，电池将迅速消耗，因此现代移动设备将无法实现。

数字电路中的反相器是什么？

一般而言，家电行业使用的反相器是一种用于将直流转换为交流的电子装置，例如空调等。然而，在数字电路中处理的反相器表示将输入信号转换为反向信号的逻辑电路。

如图 3-15-2 所示，当输入信号为“H”时，输出信号为“L”；当输入信号为“L”时，输出信号为“H”，这是一种反转。在数字电路中，例如计算机等，逻辑电路使用布尔代数（仅处理“0”和“1”两个值的代数）定义，并将高电平 H（$=V_{DD}$）表示为“1”，低电平 L（$=V_{SS}$）表示为“0”。

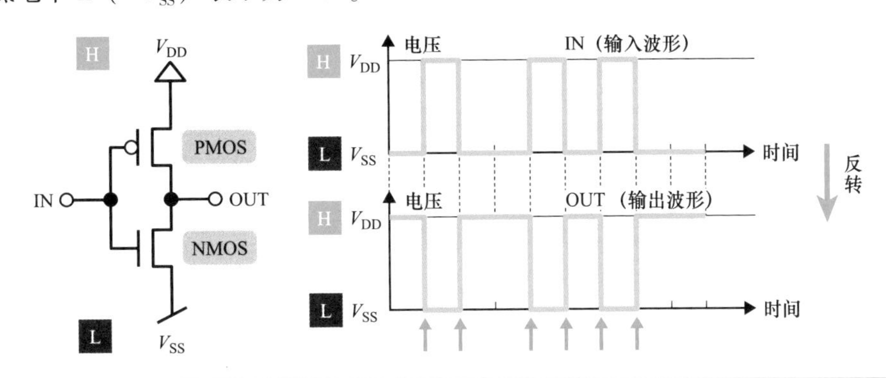

图 3-15-2　CMOS 反相器的逻辑电路操作

计算机等逻辑电路（包括复杂的加减乘除计算电路）将此反相器作为基本电路，并以“1”和“0”的描述进行设计。

高速化和晶体管数的激增是 CMOS 功耗增加的原因

本书迄今为止已经解释了“CMOS 没有静态反向电流，功耗低”的观点，但是最近的系统 LSI 等搭载晶体管数量激增到数亿个，并且工作频率提高到 GHz 的情况下，消耗电流仍然会增加，成为一个重大问题。

❶ 由于晶体管数的增加而导致的漏电流增加（静态功耗的增加）

到目前为止，MOSFET 在达到阈值电压（V_{TH}）以上时处于 ON 状态，并开始有电流流动。然而，实际上，电流不是突然开始流动的，甚至在 V_{TH} 以下的电压下也会有微小的漏电流，当晶体管数增加到数亿时，这种静态微小电流（亦称为亚阈值漏电流）也变得不可忽视。

❷ 由于高频率而导致的 CMOS 逻辑电路电流增加（动态功耗的增加）

图 3-15-2 中的输入波形和输出波形是矩形波，是理想的情况。然而，当电路操作的频率变高时，上升和下降的延迟变大，这可能导致 ON/OFF 过渡期（图底部上升箭头处）同时发生，从而产生 V_{DD} 到 V_{SS} 的漏电流。

因此，为了维持 CMOS 的低功耗，必须采取措施，如工艺改进（阈值电压的控制）、电路设计（电源切断的电路区域设置、在提高工作频率时实施多核化）等。

专栏

IC、LSI 从双极型晶体管到 PMOS、NMOS 再到 CMOS 时代的演变

CMOS 技术在低功耗、操作速度和抗干扰性等方面对于 IC 和 LSI 是最优选择

晶体管于 1948 年在美国贝尔实验室实用化。最初的晶体管是基于点接触的，将两根针接触到单晶锗（Ge）上的点接触晶体管。在 20 世纪 50 年代到 60 年代初期，锗双极型晶体管成为主流。随后，世界上第一台使用锗晶体管的计算器于 1964 年问世。

然而，由于锗晶体管在高温下的性能较差，所以从大约 1965 年开始，硅（Si）取代了锗，能够在约 150℃的温度下工作。1966 年，使用硅双极型晶体管集成电路（包括 100 到 1000 个晶体管）的计算器出现。在 20 世纪 70 年代，美国德州仪器公司开始生产基于硅双极型晶体管的数字集成电路，即 TTL（Transistor-Transistor Logic），并风靡一时，然后，在 1970 年，美国英特尔公司首次发布了使用 MOS 晶体管制造的 4 位微处理器和 1KB 内存。确实，从这时开始，我们正式进入了集成电路时代。值得注意的是，从这个时代开始，人们已经知道 CMOS 是数字集成电路的最佳解决方案。CMOS 之所以优越，是因为在数字信号为“1”和“0”时不会产生漏电流。然而，当时还无法生产 CMOS，而美国英特尔公司的 4 位微处理器最初也是从 P 沟道 MOS 场效应晶体管（PMOS）开始的。此外，人们也已经了解到 NMOS 在电子传导速度方面比 PMOS 更有优势，具有更高的速度（约为 3 倍）。但是，由于栅极的硅氧化膜界面存在物理和电学稳定性问题，因此无法进行生产。

随后，随着半导体制造设备的改进等问题逐渐得到解决，集成电路的生产逐渐从PMOS转向NMOS。然而，即使转向NMOS处理器，也会由于增加的功耗而产生热量，存在散热等问题。此外，晶体管的集成度被限制在10万个左右。

经历了半导体领域的众多改进历史之后，从1980年到1985年左右，开发了在同一半导体基板（硅晶圆）上集成NMOS和PMOS的CMOS工艺，真正启动了目前集成度达数亿个的IC和LSI的大规模生产。这就是IC和LSI经历双极型晶体管、PMOS以及NMOS，逐渐走向CMOS时代的背景。

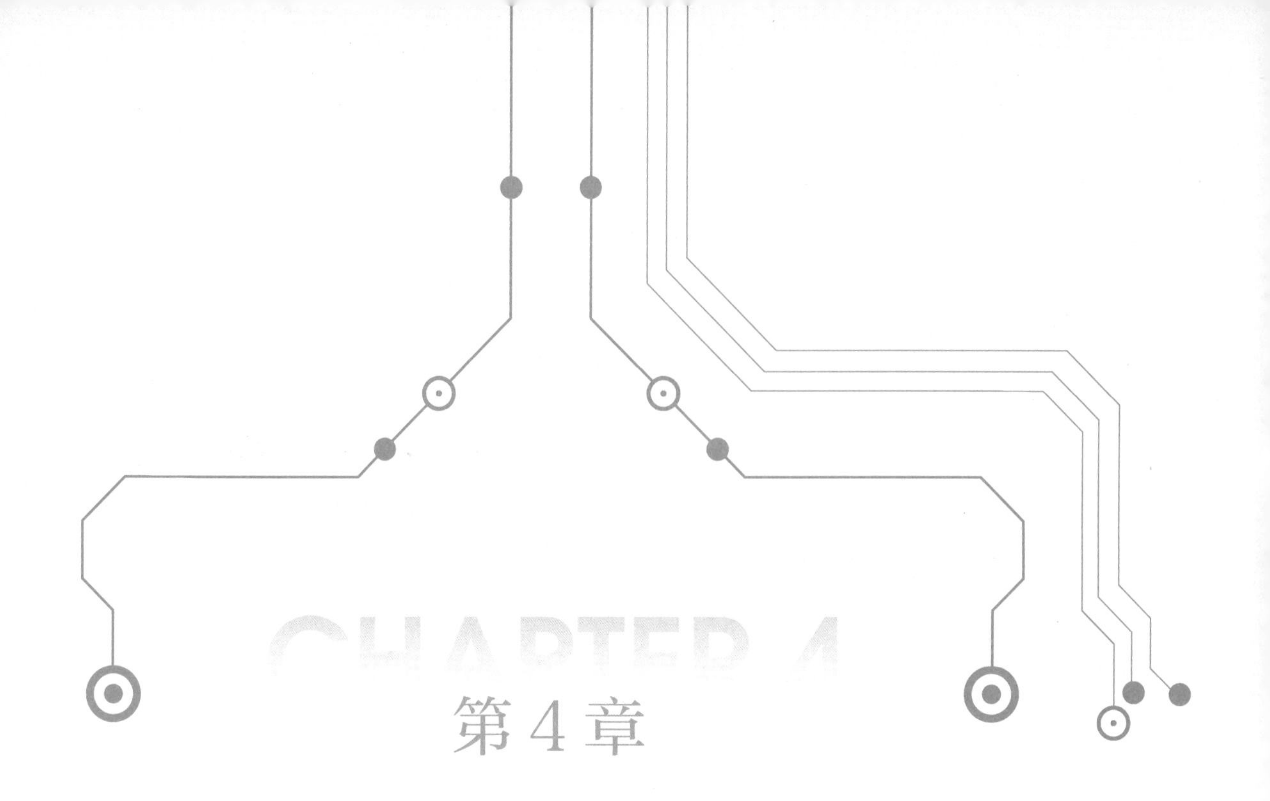

第4章

半导体初学者需要了解的术语表

这是一个关于第1~3章中出现的半导体工作原理术语的简明解释，以及有助于理解其间相关性的术语集。此外，我们还将提及和解释当前在半导体行业中备受关注的最新行业术语，以便读者了解。

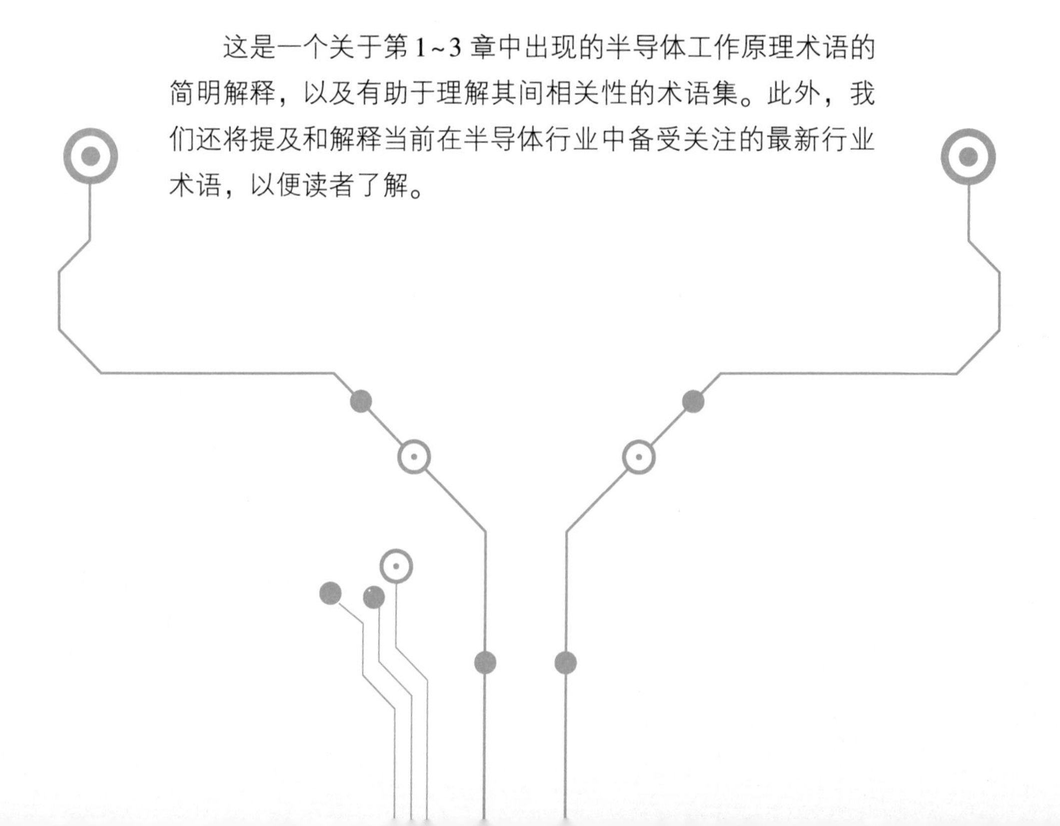

3DNAND 闪存

NAND 型闪存在多年来实现了高密度和大容量，但由于微缩化，使进一步增加容量变得困难。因此，与传统的平面排列的 NAND 结构不同，3DNAND 闪存提出了一种在垂直方向（立体型）上堆叠闪存单元的三维结构，从而显著增加了单位面积的存储容量。这就是 2007 年东芝发布的被称为 BiCS（BitCostScalable）的层叠三维结构的 3DNAND 闪存。主要制造商包括三星电子、KIOXIA（原东芝存储）、SK 海力士和美光等。

传统的平面型NAND

通过简单叠加闪存单元来构建，每增加一层的制造成本都很高，因此增加层数也不会降低成本。而另一方面，3DNAND闪存（BiCS）通过增加层数可以持续降低成本。

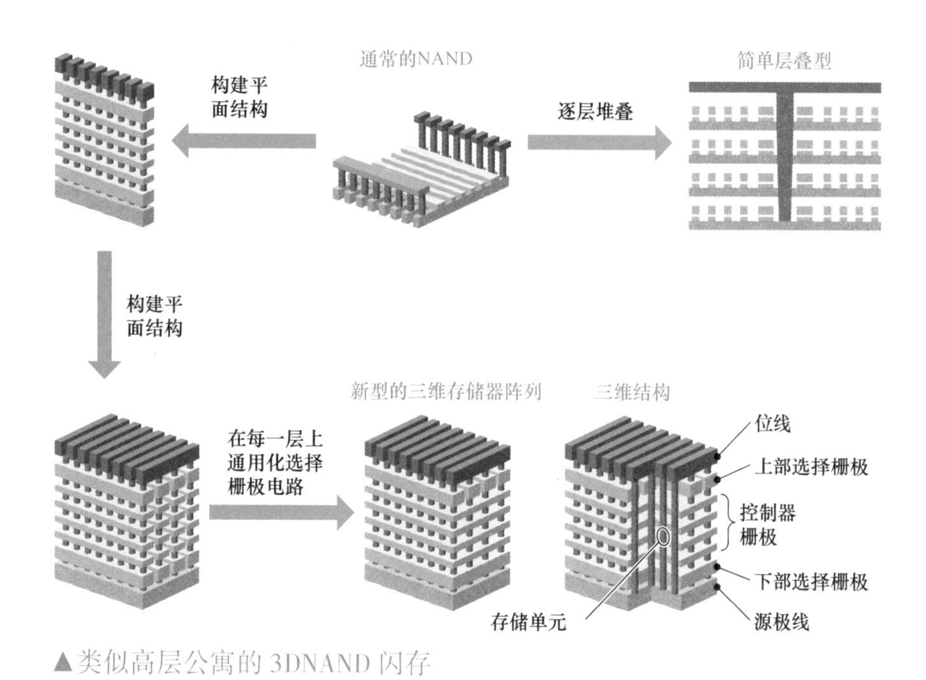

▲类似高层公寓的 3DNAND 闪存

AD 转换器（Analog Digital Converter）

这是一种将模拟信号转换为数字信号的半导体器件（模拟数字转换器）。AD 转换器由电子电路组成，用于将模拟信号，如从麦克风收集的音频信号或从天线接收的无线电信号，转换为数字信号。

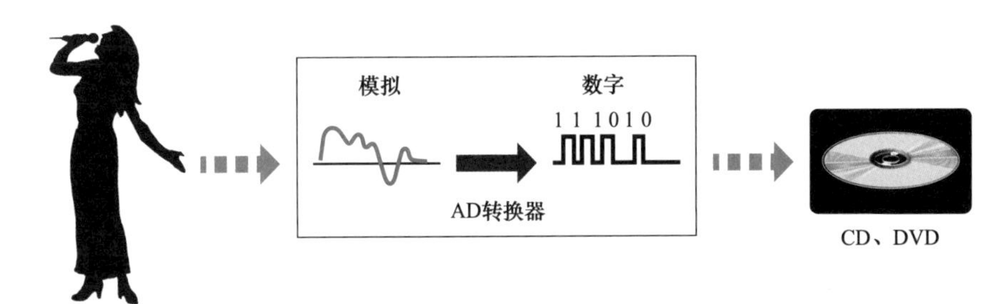

▲AD 转换器的用途

ASIC（Application Specific Integrated Circuit）

这是指专门用于特定应用功能的 LSI 的总称。它们是用于消费电子产品、手机等民用和工业用途的 LSI，通过组合用户需要的功能进行设计。

CMOS（Complementary MOS）

CMOS 使用 NMOSFET 和 PMOSFET 作为一对，将它们的操作特性相互补充并组合在一起的电路结构。由于其低功耗和高速操作的特性，目前几乎所有的 IC 和 LSI 都在使用 CMOS 技术。

DRAM（动态随机存取存储器 Dynamic Random Access Memory）

DRAM 是计算机主内存（主要存储设备）最常用和大量使用的半导体内存。它可以快速地进行电子存储和擦除操作。DRAM 的存储单元由一个 MOS 晶体管和一个电容器组成。电容器用于存储电荷，当电容器带电时，它表示数字数据中的“1”，当电容器不带电时，表示“0”，用于存储和保持数据。MOS 晶体管用于执行电容器电荷的存储和读取操作，起到开关（开和关）的作用。

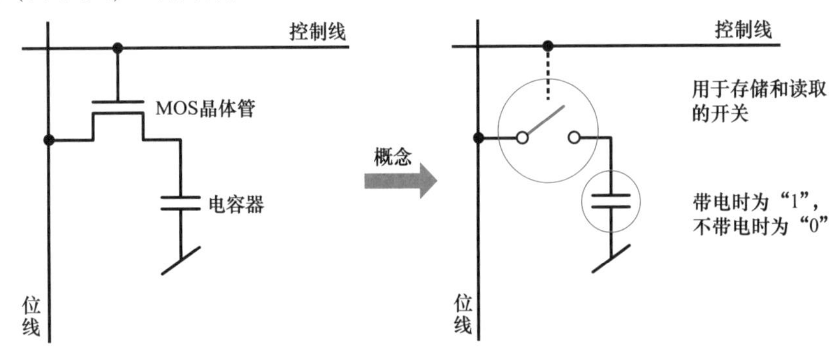

▲DRAM 存储单元的构造

CMOS 图像传感器（CMOS image sensor）

CMOS 图像传感器是数字相机和智能手机中使用的相机的眼睛部分，采用 CMOS 构造。CMOS 图像传感器具有低电压、低功耗和高读取传输速度的特性。此外，其结构与嵌入 IC 和 LSI 中的 CMOS 晶体管（CMOSFET）相同，因此可以将光传感器与放大电路组合到晶体管元件中，同时在同一块半导体中构建所需的图像处理算法，这也是它的一个重要优点。目前已经开发出像素数很大的图像传感器，甚至发布了超过 2 亿像素的产品。

CMOS 反转器

采用 CMOS 结构的反转器。其特点是无效的漏电流很小，功耗较低。

CMP（Chemical Mechanical Polishing）

CMP 就是化学机械抛光，这是半导体微细化和多层线路化必不可少的表面平坦化技术。

CPU（Central Processing Unit）

CPU 是计算机的大脑，是一种专门负责运算和控制处理的微处理器，通常被翻译为“中央处理单元”。因此，单独的 CPU 无法执行任何计算机功能，必须与内存和输入/输出接口一起才能模拟人类大脑的功能。CPU 性能主要取决于工作频率（时钟频率）以及芯片上搭载的核心数量（多核数）等因素。

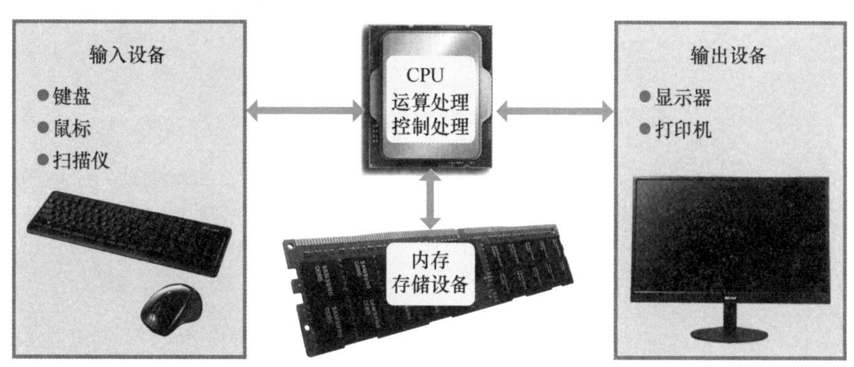

▲从 CPU 的角度来看，计算机的基本结构

DA 转换器（Digital Analog Converter）

这是一种将数字信号转换为模拟信号的半导体器件（数字模拟转换器）。DA 转换器

是由电子电路组成的，用于将存储在 DVD 等媒体上的数字信号转换为模拟信号。

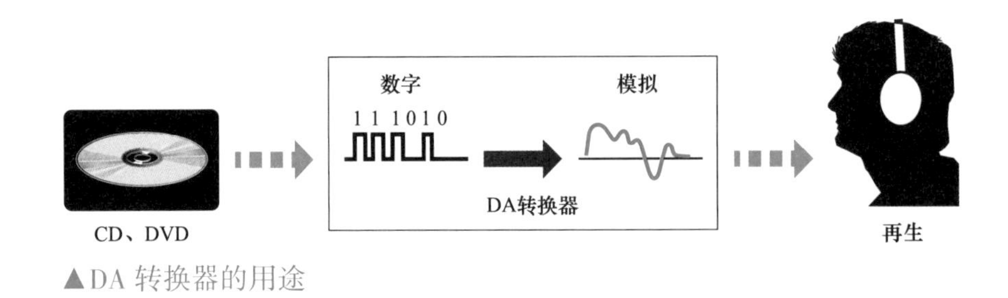

▲DA 转换器的用途

EUVL（Extreme Ultraviolet Lithography）

EUVL 是一种利用极紫外光（波长为 13.5nm）作为光源的光刻技术。EUV 光刻装置曾经存在光源灯的输出寿命、EUV 反射掩膜、光刻胶等问题，但近年来这些问题逐渐得到解决，从 2021 年左右开始实现了针对设计规则 7nm 以下的工艺的大规模量产。EUV 会被光学透镜和掩膜版（SiO_2）吸收导致光强减弱，同时引起光学透镜和掩膜版的热变形，因此不能直接使用。EUV 光刻装置需要在真空环境中使用全反射光学系统（反射掩膜+反射镜）。光刻装置的价格为，紫外光刻装置约为 4 亿日元，KrF 光刻装置约为 13 亿日元，ArF 干式光刻装置约为 20 亿日元，ArF 液浸光刻装置约为 60 亿日元，而 EUV 光刻装置则约为 200 亿日元。预计下一代新型设备（2025 年投入使用）的价格将达到 350 亿日元。

GaN（Gallium Nitride）

氮化镓。

GPU（Graphics Processing Unit）

GPU 是一种用于进行图像绘制计算的处理器，专门针对图像处理对 CPU 进行了优化。如果将 CPU 视为计算机等系统的大脑，那么 GPU 就可以视为专注于图像处理的特定大脑。在图像处理中，特别是在需要进行 3D 图形绘制的计算中，GPU 的性能表现出色。在核心数量方面，GPU 处理器在一个芯片上搭载了成千上万个特定核心，与 CPU 相比，数量多得多。CPU 可以看作是具有高智商的大脑，负责处理复杂任务，而 GPU 可以看作是在某个领域中具有特定技能的大量工人，他们专注于高速处理大量任务。

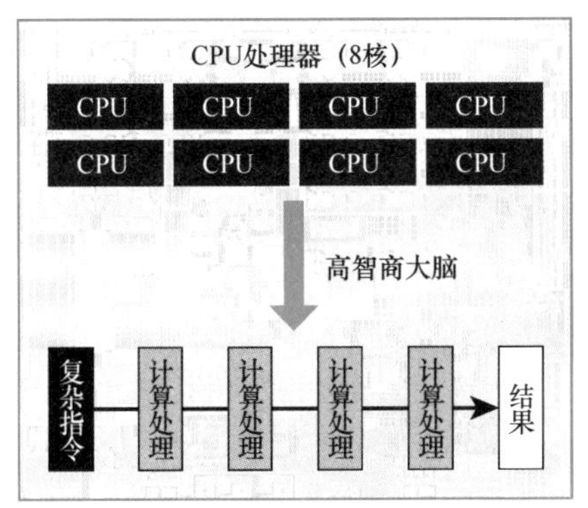

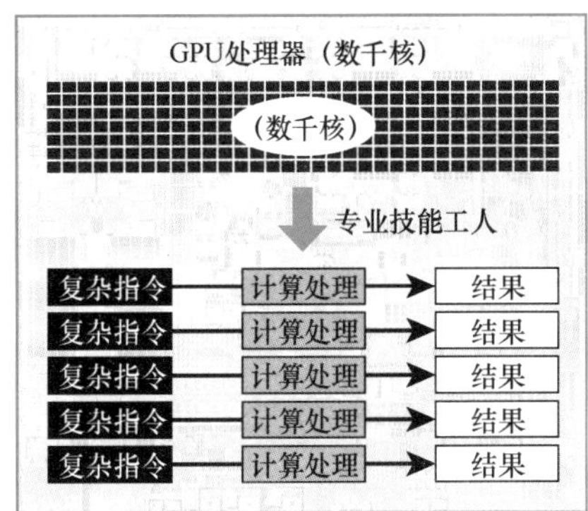

▲CPU 和 GPU 的计算方法差异

	CPU处理器	GPU处理器
主要功能	计算机总览和计算处理	图像绘制的计算处理（3D图形）
擅长的计算处理	连续的计算处理（可以进行复杂计算）	并行计算处理（简单和固定）
核心数量	4~8个（CPU核心）	数千个（特定核心）
计算速度比较	在图像处理等领域，GPU可以达到CPU数倍到100倍以上的计算速度	

▲CPU 和 GPU 的职责与性能比较

IC、LSI（Integrated Circuit 或 Large Scale Integration）

这是一个装载了许多半导体元件的电子组件，也称为集成电路。LSI 是进一步扩大的 IC。目前，IC 和 LSI 通常无关规模大小，而作为具有相同意义的词语使用。

IC/LSI 测试系统

在前工序完成的硅晶圆上，通过 IC/LSI 测试仪施加测试电学信号，将输出信号与预期值进行比较，以检查其是否按设计工作，并进行 GO/NG 判定。

与自动探针台和硅晶圆探针卡一起用于构成晶圆检查时的测试系统。

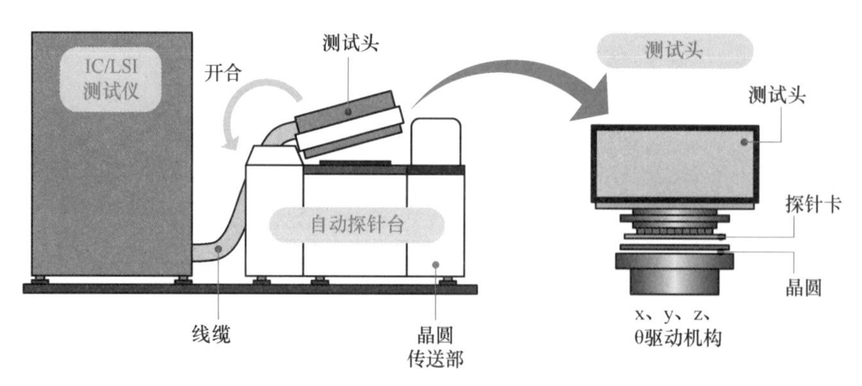

▲晶圆检查时的测试系统配置

IGBT（Insulated Gate Bipolar Transistor）

IGBT 正如其名，是一种绝缘栅极双极型晶体管。在集电极一侧加入 PN 结，通过从该 PN 结中注入空穴，增加电流密度并降低导通电阻。这个结构解决了 MOSFET 在提高耐压时导通电阻急剧增加的问题。如果将 MOSFET 用于低电压应用，如照明设备等，那么 IGBT 主要用于高电压和大电流应用，如电动机控制领域（空调、直接加热式电饭煲、工作机械、电力设备、汽车）。

IoT（Internet of Things）

IoT（Internet of Things，物联网）指的是“物的互联网”，在数字化飞速发展的今天，将之前未连接到互联网的各种物品（如温度、湿度、压力、图像等传感器以及住宅、工厂、医疗、汽车等领域的设备）连接到互联网（云服务器）以进行信息交换的体系结构。

这使得原本被忽视的宝贵数据得以处理、转化、分析和协作，实现了更高的价值和服务。

▲ 通过互联网连接在一起的各种物体的系统。

MEMS（Micro Electro Mechanical Systems）

MEMS 意为微型电子机械系统，它是应用半导体制造技术制造的微小电机械系统，由微小的零部件组成。MEMS 的加工方法实际上是通过在晶圆上进行削减（蚀刻）来形成机械结构，而不是像制造晶体管那样。换句话说，它是在晶圆上以纳米级别的精度进行机械加工，类似于一般机械加工中使用的铣床和钻床等工作。例如，智能手机中搭载的 MEMS（约 20 个）包括麦克风、温度传感器、湿度传感器以及 3 轴加速度传感器、3 轴陀螺仪、3 轴电子罗盘、压力传感器等。

MOSFET（MOS Field Effect Transistor）

与 MOS 场效应晶体管相同。

MOS 场效应晶体管

MOS 场效应晶体管，如其名称所示，基本结构由金属（栅极）、氧化物膜和半导体组成，这是 MOS（金属-氧化物-半导体）的基本结构。与双极型晶体管通过电流控制运作不同，MOS 类型通过电压控制（电场控制）运作，因此被称为电场效应型。MOS 场效应晶体管（MOSFET）包括 N 沟道 MOSFET（NMOS）和 P 沟道 MOSFET（PMOS）。

MPU（Micro Processor Unit）

与微处理器相同。

NMOS 反相器

通过 NMOS 构建的反相器。即使在非工作状态下，也存在无效的漏电流，消耗电力较多。

NPN 晶体管

双极型晶体管。NPN 结构的三端半导体器件。

N 沟道 MOSFET（NMOS）

N 沟道 MOSFET 的工作方式是通过在栅极上施加电压（+）来在漏极和源极之间的沟道区域中诱导电子，从而形成电流通路，处于 ON 状态。由于形成的沟道是 N 型半导体层，因此被称为 N 沟道 MOSFET。

N 型半导体

N 型半导体指的是通过电子导电的半导体类型。然而，在常温下，N 型半导体中也存在少量空穴，这些被称为少数载流子。在 N 型半导体中，多数载流子是电子，而少数载流子是空穴。与空穴相比，电子在 N 型半导体的电传导中具有更高的移动速度，约为其 3 倍（在 IC 中，这将导致工作速度提高 3 倍）。这就是 N 型半导体性能优于 P 型半导体的原因。

PMOS 反相器

通过 PMOS 构建的反相器。即使在非工作状态下，也存在无效的漏电流，消耗电力较多。

PNP 晶体管

双极型晶体管。PNP 结构的三端半导体器件。

P 沟道 MOSFET（PMOS）

P 沟道 MOSFET 的工作方式是通过在门极上施加电压（-）来在漏极和源极之间的沟道区域中诱导空穴，从而形成电流通路，处于 ON 状态。由于形成的沟道是 P 型半导体层，因此被称为 P 沟道 MOSFET。

P 型半导体

P 型半导体是通过空穴导电的半导体类型。在 P 型半导体的情况下，多数载流子是空穴，少数载流子是电子。与电子相比，P 型半导体中贡献电导的空穴的移动速度约为电子的 1/3（在 IC 中，这将导致工作速度降低 1/3）。这是 P 型半导体性能不如 N 型半导体的原因。

RAM（Random Access Memory）

RAM用于在计算机的中央处理器（CPU）和存储（辅助存储设备）之间随机写入和读取数据，作为主要存储器（主存储器）使用。RAM分为DRAM和SRAM两类。

SD卡

SD卡是一种以字节为单位实现的闪存内存卡。

广泛应用于便携设备（如数码相机、智能手机）以及家电设备（如电视）等。3D NAND闪存的开发使大容量成为可能，现在已经实现了1TB（1兆字节）和2TB的产品。

SiC（Silicon Carbide）

碳化硅。

SOC（System On a Chip）

SOC是对系统LSI的另一种称呼。它将电子设备系统整合到一个芯片上。

SRAM（Static Random Access Memory）

SRAM的读写速度快，耗电小，因此主要用作存储高频使用的数据的缓存存储器。然而，与DRAM相比，其集成度较低。因此，在常规的CPU中，DRAM通常用于通用用途，而SRAM用于需要高速处理的部分。

SSD（Solid State Drive）

SSD使用NAND型闪存存储器记录数据。与硬盘驱动器（HDD）不同，它没有可移动部分，因此更耐冲击，同时功耗和尺寸较小。

SSD通过半导体元件以电学方式进行数据的记录和读取，因此可以实现高速的读写操作。与使用HDD的计算机相比，它可以实现更高的处理速度，并且3D NAND闪存器的发展使得实现大容量（高达200TB）的产品成为可能。

USB（Universal Serial Bus）

USB 是通用串行总线的缩写，它是一种用于连接计算机与外围设备的标准之一。

受主（Acceptor）

通过向本征半导体中添加杂质（硼）来形成 P 型半导体。这种杂质被称为“Acceptor”，意味着它从价带中接受电子。反过来，可以考虑将它视为向价带供应空穴。

受主能级（Acceptor level）

通过向本征半导体添加杂质，可以在禁带中创建新的能级（能量水平）。受主能级是从价带中接受电子的能级。

模拟集成电路

模拟量是指像声音大小、亮度、长度、温度和时间等在自然界中处理的信息，是连续的。模拟集成电路用于忠实地放大原始数据，例如用于电视广播接收器中微弱电波的放大电路、用于检测来自传感器的微弱信号的传感器电路以及电源电路、电动机控制电路等。

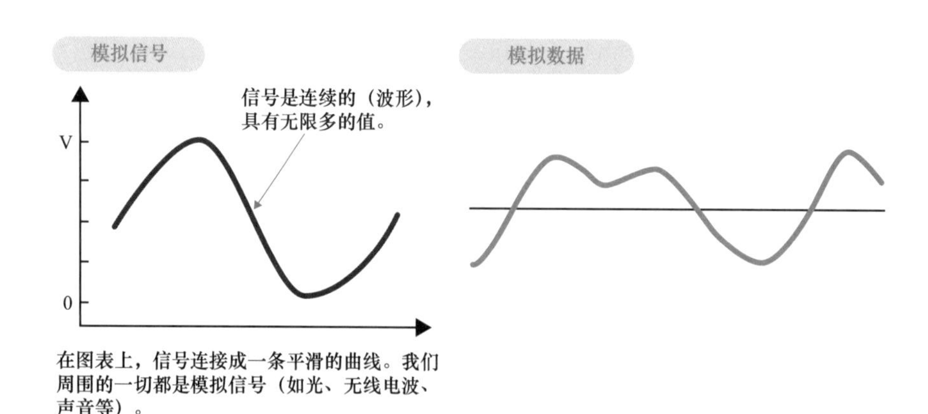

▲模拟信号，模拟数据

离子注入设备

硅晶圆上的杂质扩散过程涉及向表面的某些区域添加杂质，如硼、磷等，然后通过热

扩散/退火将杂质重新分布到所需的深度，以形成 P 型或 N 型半导体区域。用于添加杂质的设备是离子注入装置。离子注入涉及将杂质气体（如磷、砷、硼等）在真空中离子化，然后通过高压电场加速并注入晶圆表面。

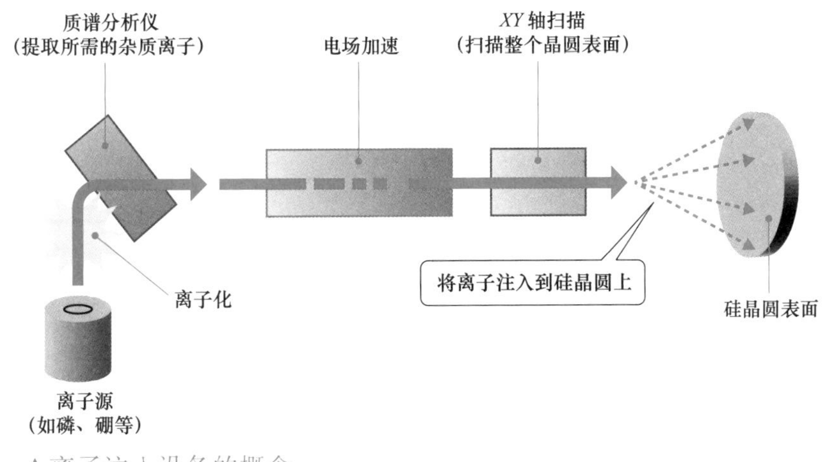

▲离子注入设备的概念

图像传感器(lmage sensor)

图像传感器的基本原理与人眼的视网膜类似，它通过镜头将被摄对象成像，然后由许多光电二极管将光的亮度转换为电信号输出，形成图像。图像传感器根据检测方式的不同，可以分为 CCD 型和 CMOS 型两类。从电学上来说，它们都是使用光电二极管来将光（图像）信号转换为电信号的半导体元件，但现在几乎所有智能手机、数码相机等都使用 CMOS 图像传感器。

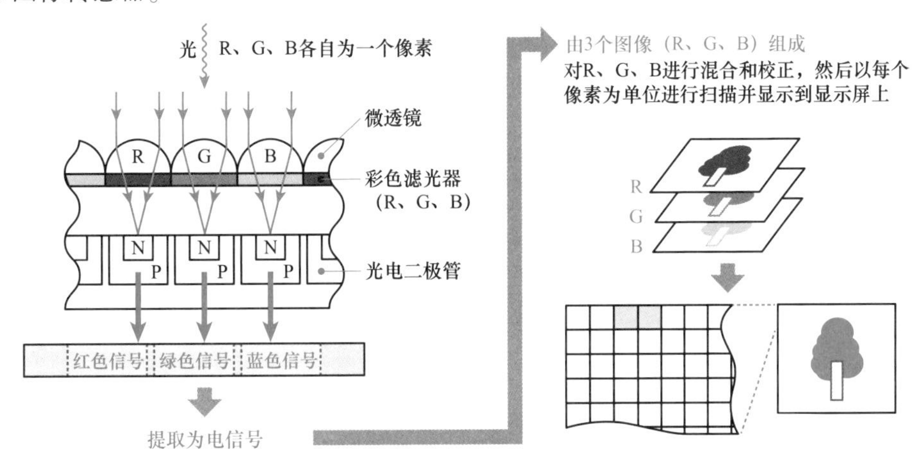

▲图像传感器的基本结构和原理

反相器（Inverter）

反相器是用于反转数字集成电路中输入信号的逻辑电路（反转电路、NOT 电路），是最基本的逻辑门之一。此外，在家电行业，反相器指的是用于将直流或交流电源（例如空调等）转换为不同频率交流电源的变换装置。

刻蚀（Etching）

使用化学反应（腐蚀作用）来化学腐蚀和刻蚀薄膜的形状，这是一个工艺过程。

刻蚀装置

刻蚀装置是一个使用化学反应（腐蚀作用）的过程，经过曝光工序后，去除不需要的光刻胶，然后使用化学液体、反应气体或离子来刻蚀在硅基板上的薄膜的装置。刻蚀方法包括成本较低且生产效率较高的湿法刻蚀（使用化学液体腐蚀氧化膜或硅）和成本略高但可以进行微加工的干法刻蚀（使用离子撞击去除未被光刻胶掩蔽的部分）两种。

能带结构（Energy band structure）

能带结构是对物质（尤其是晶体）中电子能级状态的一种模式化表示，它用三个能带来描述：导带，价带，以及导带和价带之间的禁带。导带是电子自由移动的能带，价带是完全由电子占据但所有电子都受到束缚并不能移动的能带，禁带则是导带和价带之间电子无法存在的区域。

发射极

双极型晶体管，包括 NPN 型和 PNP 型，都有三个端子，分别是基极、集电极和发射极。这三个端子的名称起源于晶体管早期的点接触型晶体管结构。发射极负责电子的发射（Emitting），它是输出电流的端子。

扩散电位差（Diffusion potential）

由于势能梯度，耗尽层位于 P 型半导体和 N 型半导体的能量边界区域，因此在两个半导体之间形成了势垒。由扩散引起的这种势垒被称为扩散电位差。

化合物半导体（Compound semiconductor）

硅半导体由单一元素硅构成，而化合物半导体由两种或更多元素构成。作为代表性的半导体材料，有高频元件和光半导体材料的 GaAs（砷化镓）。目前备受关注的是下一代高压功率半导体材料，如碳化硅和氮化镓，被寄予厚望。

价电子（Valence electron）

位于电子轨道的最外层，对原子间的化学键形成起着重要作用。而内层电子对原子的化学键形成和导电过程几乎没有贡献。

价带（Valence band）

这是指位于硅原子最外层电子轨道的电子存在的能带。在能带结构中，价带中有许多电子，但它们紧密堆积在一起，无法自由移动。因此，这些电子不对导电产生贡献。

氮化镓（GaN，Gallium Nitride）

GaN 半导体具有类似于 SiC 半导体的物理特性。特别是在高频特性方面表现出色，因此被期望用于 5G 通信基站等领域的功率器件。

匀胶和显影设备

半导体制造使用了与照片印刷技术相似的原理。在将电路图案从掩膜版转移到硅基片之前，先涂布感光剂（称为光刻胶）在硅基片上。然后在曝光后，使用化学溶液显影以溶解感光剂的受光部分。可以执行感光剂涂布和显影的设备称为匀胶和显影机（Coater-developer）。

功能块

在 IC 和 LSI 设计中，各种专用电路功能，如图像处理、存储器、中央处理器、输入输出电路等，被组合成一个个功能块，并进行数据库化，然后将它们组合使用以实现系统 LSI 化。

反向电压

指的是在二极管中沿着电流不流动的方向（反向）施加电压，即在 P 型半导体端施加负电压，而在 N 型半导体端施加正电压。

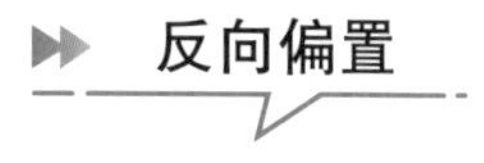

反向偏置

与反向电压相同。

缓存存储器（Cache memory）

缓存存储器使用高速的静态随机存取存储器（SRAM），将其放置在中央处理器和主内存（DRAM）之间，用于缓存经常使用的数据。因此，中央处理器通过使用本地缓存存储器而不是顺序访问内存（DRAM），可以加速计算机的运行速度。

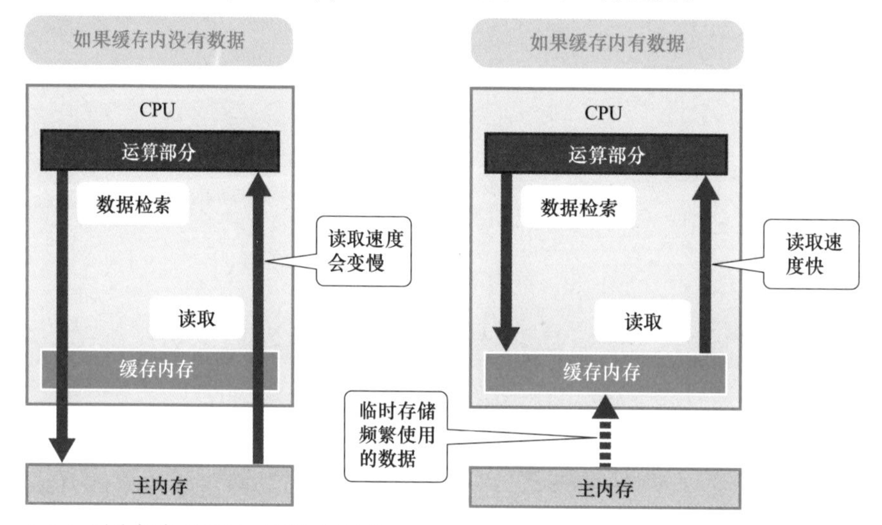

▲通过缓存存储器加速数据读取

载流子（Carrier）

载流子指的是在导电中起作用的电子（自由电子）或P型半导体中的空穴，它们是携带电荷的载体。换句话说，载体是带电粒子（电子、空穴），它们是电流的来源。

共价键（Covalent bond）

两个原子共享彼此的价电子形成的化学键。大多数分子都是由共价键形成的，具有非常强的结合力。

禁带（Forbidden band）

在能带结构中，导带和价带之间电子无法存在的能带。禁带宽度被称为带隙。

耗尽层（Depletion layer）

当N型半导体和P型半导体接触时，带负电荷的电子和带正电荷的空穴在接触边界附近结合并消失。由此形成的几乎没有载流子存在的区域被称为耗尽层。

洁净室

半导体工厂需要极为洁净的环境，创建免受污染和杂质的洁净室，并在其中进行半导体制造。半导体工厂的洁净室环境需要对空气中的直径为0.1~0.5μm的微粒、细菌等进行控制，并维持恒定的温湿度。因此，为了表示洁净度，使用了洁净度等级（根据每立方英尺中的0.1μm粒子数量来表示）。例如，等级1表示每立方英尺中有一个0.1μm的粒子。注意，在半导体工厂中，需要达到等级1~100的洁净度要求。

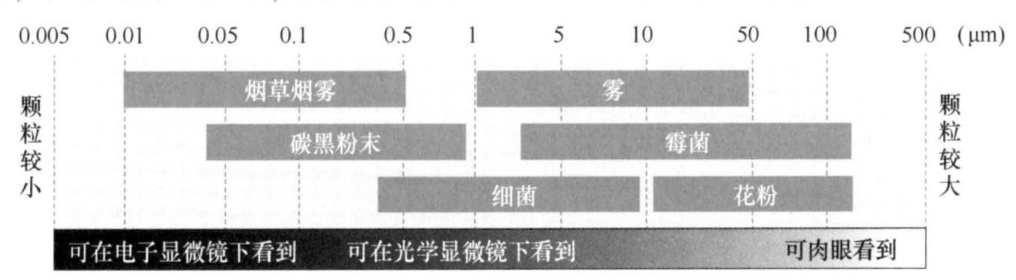

▲成为尘埃微粒的大小

测量检验系统

在半导体制造工艺（晶圆制程的前道工艺）中，在每个工序结束后，根据需要进行全数或抽样检验，以确认是否可以进入下一个工序。如果发现异常，将立即反馈给制造工厂以进行改进。不合格批次有时会被废弃。扫描电子显微镜用于尺寸测量，可以测量晶圆上特定位置的线宽、孔径等。晶圆缺陷检查设备用于检测晶圆上的异物或图案缺陷，并确定这些缺陷的位置坐标（XY），以追踪问题的根本原因。

栅极（Gate）

MOSFET具有栅极、源极和漏极三个端子。栅极是控制MOSFET通断的端子。

栅极绝缘膜（Gate insulator）

MOSFET（金属-氧化物-半导体场效应晶体管）的金属（栅极金属）和半导体基板之间的部分，由绝缘性能高的二氧化硅（SiO_2）组成。它非常薄，要求具有高洁净度。

原子核（Atomic nucleus）

原子核由质子和中子组成，位于原子的中心。原子由原子核和电子构成，原子核中的质子数量称为原子序数。

分立电子元件

分立电子元件包括电阻、电容、二极管、晶体管等。但是，半导体基板上也集成了被动元件，如电阻和电容。

分立半导体元件（Discrete semiconductor）

由半导体元件（如二极管和晶体管）组成的分立电子元件。与电阻和电容只具有电阻和电荷存储等功能的被动元件不同，晶体管和二极管作为主动元件用于电压和电流控制、光电能量转换以及电光能量转换等。

集电极

双极型晶体管（双极型晶体管）包括 NPN 型和 PNP 型，每个都有基极、集电极和发射极这三个端口。这个三端口的命名来自晶体管早期的点接触晶体管结构。集电极用于电子的收集，是输入电流的端口。

电容器（Capacitor）

一种电子元件（被动电子元件），具有存储和释放电能以及绝缘直流电流的功能。它在电子电路中具有优秀的降噪功能，因此在智能手机等设备中得到广泛使用。

系统 LSI（System LSI）

这是一种集成了电子设备系统所需功能的 LSI 芯片，有系统功能。它在数字电子产品中发挥了重要作用，有助于实现高性能、低功耗和降低成本。由于将整个系统集成到芯片上，因此也被称为 SOC（片上系统）。

车载半导体

在汽车中使用的半导体，即车载半导体市场迅速扩大。除了传统的发动机控制之外，现代汽车还搭载了大量用于控制电动助力转向、变速器、安全气囊等的 CPU（常称为汽车专用微控制器)。此外，为了提高安全性能和驾驶性能，汽车还搭载了大量感知器，如图像传感器（摄像头)、加速度传感器、磁传感器和毫米波雷达。未来，随着汽车电动化(混合动力和纯电）的发展，需要搭载的半导体数量将急剧增加，包括用于电动汽车的功率半导体、自动驾驶的汽车专用处理器、存储器和通信半导体等。特别是电动汽车市场的扩大预计会引领功率半导体市场的增长。

集成电路（Integrated Circuit）

它是一种电子元件，其在硅晶圆（半导体基板）等上集成了晶体管、二极管、电阻、电容等半导体元件。缩写为 IC 或 LSI。

自由电子（Free electron）

通常情况下，电子受原子核束缚，不能在物质中自由移动。与此不同，自由电子可以在物质中自由移动。构成电流的电子就是能够自由移动的自由电子。那些能够良好导电的物质，如金属，拥有大量自由电子，而绝缘体等不导电材料则没有自由电子，电流不能在其中流动，就像在塑料中一样。

正向电压（Forward voltage（Forwardbias))

它是在二极管中，电流流动的方向（正向）所需的电压。它要求在 P 型半导体上施加正电压，在 N 型半导体上施加负电压。

正向偏置

与正向电压相同。

少数载流子（Minority carrier）

半导体中的载流子（携带电荷并传递电流的载体)，在 N 型半导体中空穴是少数载流子，在 P 型半导体中自由电子是少数载流子。少数载流子是指由本征激发产生的，与掺杂带来的多数载流子相对的另一种类型的载流子（本征半导体中电子和空穴数量相等，不属于 N 型或 P 型半导体)。

硅（Silicon）

作为半导体器件的材料，硅是最常用的物质之一。硅是地壳中第二丰富的元素，元素符号为 Si。

▶▶ 硅晶圆（Silicon wafer）

用于制造半导体器件（分立半导体、集成电路）的电路基板材料。

▶▶ 碳化硅(SiC，Silicon carbide)

SiC 半导体具有出色的特性，相对于硅半导体，其能带宽度是硅的 3 倍（更不容易产生漏电流，可以在高温下工作，且通过漏极和源极之间的电流沟道可以更薄，从而减少导通电阻），击穿电场强度是硅的 10 倍（适用于高电压应用），可以实现高频操作（如逆变器等提高转换效率），热传导率是硅的 3 倍（有助于散热器的小型化）。虽然 SiC 半导体仍存在一些操作上的问题，但在空调、太阳能电池、汽车、铁路等领域已经开始采用。

▶▶ 硅芯片（Silicon chip）

从硅晶圆上切割下来的硅片（硅晶片），每一个都成为一个半导体器件（分立半导体、集成电路）。

▶▶ 本征半导体（Intrinsic semiconductor）

指的是不含有任何杂质的高纯度半导体材料。

▶▶ 垂直一体化制造商（Integrated Device Manufacturer）

这是一种半导体制造商，拥有从产品规划、LSI（大规模集成电路）设计、制造、封装和检测，一直到销售的一体化制造设备和销售体系。

▶▶ 开关动作（Switching action）

这是指半导体元件（如晶体管）通过输入信号来实现输出电路的开启和关闭。

▶▶ 步进式(缩小投影型曝光装置)（Stepper）

这是一种用于半导体制造的缩小投影型曝光装置。与传统的曝光装置不同，后者通常是将晶圆和掩膜版的原始图案进行 1 : 1 的投影曝光。而步进式曝光装置则在将掩膜版的原始图案缩小投影到晶圆表面的同时，逐个区域进行多次曝光。这种方式称为“Step &

Repeat”机制，也是“Stepper”的由来。在用于步进式曝光装置的掩膜版上通常会绘制 4 倍尺寸的图案，然后在曝光时将其缩小到 1/4 进行转移。

阈值电压（Threshold voltage）

指的是在增加 MOSFET 的栅极电压时，当沟道区域的源极和漏极之间最初开始流动电流（即 MOSFET 变为导通状态）时的栅极电压。

成膜［Deposition（Film deposition）］

成膜是指在半导体制造工艺中形成用于半导体元件制造的绝缘膜、金属导线膜形状和材料。

绝缘体（Insulator）

指的是不导电材料，如玻璃、橡胶、塑料等，几乎不导电。其本质在于几乎没有自由电子。

清洗装置

在 LSI 制造的前工序中，即晶圆处理工序，需要非常洁净的环境。批量式的湿法站是一种清洗装置，其中排列着带有药液槽和纯水槽的设备，它们用于集中清洗多个晶圆（通常为 50 片）。这种装置具有高生产效率，可以降低每片晶圆的处理成本。

与此相对，单片式清洗装置采用对高速旋转的晶圆，通过喷嘴直接喷洒药液或纯水的喷雾方式进行清洗。它可以解决半导体微细化和晶圆尺寸增大所导致的问题，如晶圆内部均匀性不足造成的微细结构损坏等。在半导体制程中，会根据成本和目标选择批量式清洗和单片式清洗两种方式。

互补型 MOSFET

互补型 MOSFET 是指在同一基板上构建 PMOS 和 NMOS 两种类型的 MOSFET，目前大多数 LSI 都是采用 CMOS 类型制造的。

源极

MOSFET 具有三个端子，即栅极、源极和漏极。源极是 MOSFET 在导通时电子的供应源（源极）端子。

太阳能电池板（Solar panel）

它的工作原理与光电二极管相同。太阳能电池板可以被视为将光电二极管并联排列的装置。通过配置和控制多个这样的模块，经过太阳光到电能（电压·电流）的处理，从太阳光中提取电力，形成太阳能电池板。

二极管（Diode）

它是与晶体管一起用于电子设备的重要半导体元件。它具有 P 型半导体和 N 型半导体结合形成的二极结构，电流只能单向流动，反向时电流不会流动。

划片(Dicing（Diecutting))

它是晶圆根据 LSI 芯片的尺寸垂直和水平切割，将其分割成一个个芯片（晶片）的过程。

芯片键合（Die bonding)

键合设备将单个芯片（晶片）拾取，并在支撑体上涂布银膏等黏合剂以固定的过程。也称为贴片。

多晶硅（Polycrystalline silicon）

多晶硅是由具有随机晶体方向的微小晶体组成的集合体。要制备用于半导体材料的单晶硅，需要 99.999999999%（11 个 9）纯度的多晶硅。

多数载流子（jority carrier）

负责电流传输的载流子（携带电荷的粒子)，在 N 型半导体中是电子，在 P 型半导体中是空穴。多数载流子是通过对本征半导体添加杂质形成的载流子。

单晶硅（Monocrystalline silicon）

高纯度且具有规则排列的原子结构（在晶体内的任何部分查看，原子排列方向都相同）用于半导体材料的硅晶体。

沟道长度（Channel length）

MOSFET 栅极下方的源极和漏极之间的区域称为沟道。当 MOSFET 开启时，从源极到漏极的载流子（电子或空穴）在沟道长度方向上移动的距离称为沟道长度。

沟道宽度（Channel width）

MOSFET 栅极下方的源极和漏极之间的区域称为沟道。当 MOSFET 开启时，从源极到漏极的载流子（电子或空穴）在沟道长度方向上移动，沟道宽度则表示在宽度方向上的距离。

齐纳二极管(稳压二极管)（Zener diode（Voltage-regulator diode））

齐纳二极管（稳压二极管）积极利用了 PN 结二极管的反向电压特性，该电压对电流几乎保持不变，因此用于稳压电路的基准电压等。

电阻器（Resistor）

一般称为电阻的电子元件。这是一种用于增加电流流动阻力的电子元件（被动电子元件）。它可以限制电流或提取适当的电压。

数字电路（Digital Circuit）

数字量是用“0”和“1”将模拟量数值化并表示出来的。“0”和“1”是不连续的两个值，而不是连续的值。数字化的数值非常适合数字电子设备中的信息处理。换句话说，数字量是一种为了适应计算机、智能手机等高性能电子设备，而人为地用“0”和“1”表示模拟量的信息。数字电路使用这些数字信息执行各种逻辑运算。

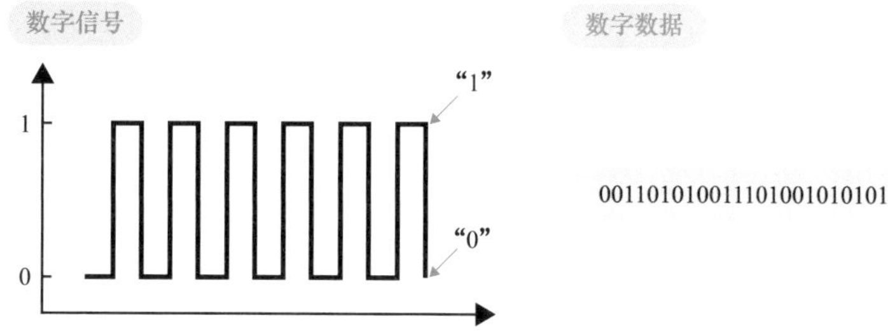

将其绘制成图形后，是一个不连续的信号。与模拟信号可以具有无限多个值不同，数字信号只能有“0”和“1”两个值。

▲数字信号，数字数据（Digital Signal，Digital Data）

势垒（Potential barrier）

当具有不同浓度的半导体接触时（例如 PN 结），在其接触面上形成的电位差。

电荷（Charge）

电荷是指电子等带有电的粒子所携带的电的数量。换句话说，具有电荷的许多电子在导体（如金属）中移动就形成了电流。电荷分为正电荷（+）和负电荷（-）。具有相同符号的电荷会相互排斥，而具有不同符号的电荷会相互吸引。电荷（电量）的单位是库仑（C）。

电场（Electric field）

基本上，电场是指电压施加时对周围（空间）的电荷产生的影响。例如，在 MOSFET 的沟道区域的描述中，当对栅极施加电压时，电场穿过硅氧化膜对半导体基板产生影响，将电子和空穴吸引到沟道区域。换句话说，电场可以将空间内的电子和空穴吸引到一起。电场的强度随着距离的增大而减小，电场强度的单位是伏特每米（V/m）。

电阻率

电阻是表示电流流动难度的数值。电阻受长度、截面积等因素的影响，因此电阻率表示了物质的电阻特性，而不受长度和截面积的影响。

电子（Electron）

电子是一种带有负电荷（-）的粒子。电流通过导线时，意味着电子在导线中流动。因此，电子可以被视为电的基本单位。

从构成物质的原子核周围的表示来看，所有物质（元素）都由原子核和电子组成，电子在原子核周围运动。

电子轨道（Electron orbit）

电子轨道是指围绕原子核运行的电子的轨迹（更准确地说，是电子存在的概率分布）。它类似于行星围绕太阳运行在特定轨道上的情况，但电子的轨道是立体球状的，而不是平面的。

导带（Conduction band）

在能带结构中，导带是电子能量最高的带。本质上它是没有电子的，但是热能或掺杂等因素可以产生自由电子，结果电子可以在这个能带中移动并对导电性做出贡献。

电流放大率

在双极型晶体管中，输入基极电流与输出集电极电流之比被称为电流放大率 hfe，它是晶体管放大性能的一个指标。

导体（Conductor）

导体是像金属一样易于传导电流（电流容易流动）的物质。其本质在于自由电子的数量很多。

施主（Donor）

当向本征半导体添加杂质（例如磷）时，它将成为 N 型半导体。这个杂质被称为“施主”，因为它提供电子给导带。除磷外，还有砷（As）和锑（Sb）等施主杂质。

施主能级（Donor level）

通过向本征半导体添加杂质，在禁带中形成的新能级（能量水平）。施主能级用于提供电子到导带。

晶体管（Transistor）

这是最重要的半导体器件之一，用于电子设备，具有信号放大和开关功能。

漏极（Drain）

MOSFET 具有三个端口，即源极、栅极和漏极。漏极是 MOSFET 打开时电子流出的地方（漏极）。

热处理设备（退火炉设备）

这种设备将温度升高到 900~1100℃，以促进化学反应和物理现象。在热处理设备中，执行扩散（将杂质与硅原子混合）以及通过离子注入引入的杂质区域的恢复，以消除晶体结构的扭曲。

双极型晶体管（Bipolar transistor）

这是一种三端子半导体器件，具有 N 型和 P 型半导体，采用 PNP 或 NPN 结构。它之所以称为“双极”，是因为它使用电子和空穴两种载流子。

薄膜形成装置

这是一种用于在硅晶圆表面形成绝缘层（如氧化硅）或铝（金属布线层）等薄膜层（厚度从 10nm~10μm 不等）的设备。有三种薄膜形成设备：1）热氧化炉：将晶圆放入带有氧气等气体的热氧化炉中加热。2）化学气相沉积（CVD）设备：通过供应特殊气体进行化学反应，在晶圆上形成硅氧化膜、多晶硅膜等。3）溅射设备：用于制作金属线路，例如铝。在这种情况下，用离子撞击铝靶材，将溅射出的铝沉积在晶圆表面。

背面研磨设备

在将前工序的晶圆切割成单个芯片之前，对晶圆的背面进行研磨，使其达到一定的厚度。对于装有 SD 卡等的闪存芯片，需要超薄化，将 300mm 晶圆的厚度从约 775μm 减小到 50~60μm。

发光二极管（LED，Light Emitting Diode）

LED 是一种将电信号（电能）转化为光能的二极管，可以发出可见光的红、绿、蓝，以及不可见的红外线、紫外线等光线。光的颜色由晶体材料（如 InGaAIP、GaN 等）、晶体混合比和掺杂杂质等因素决定。在赛马场、棒球场等地常见的大型屏幕由红、绿、蓝三色的发光二极管构成。

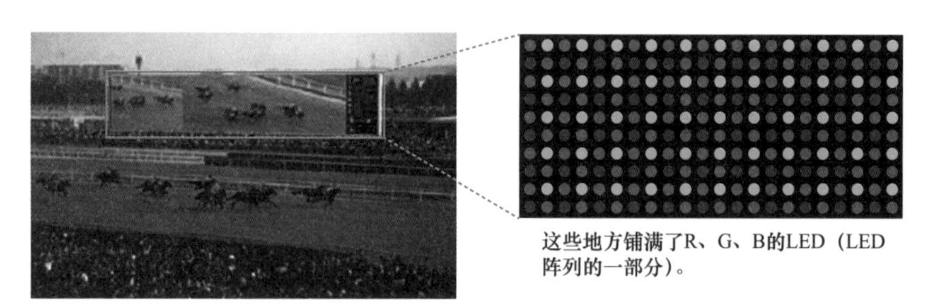

这些地方铺满了R、G、B的LED（LED
阵列的一部分）。

▲由发光二极管组成的大型屏幕（由 RGB 三原色的光组成）

发光二极管的基本原理

发光二极管是半导体二极管的一种，当对PN结施加正向电压时，来自P型半导体的空穴和来自N型半导体的电子移动，并在PN结附近发生相互结合并消失的复合现象。在这种复合之后，总能量小于电子和空穴各自具有的能量，因此能量差以光的形式辐射出来。这就是发光二极管的发光原理。

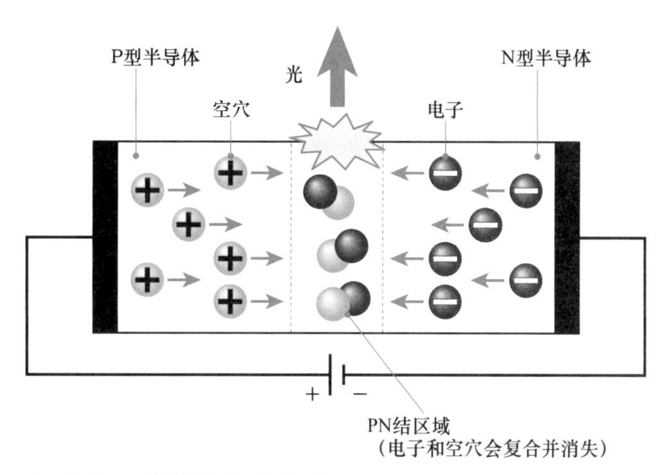

▲ 发光二极管的基本原理

功率MOSFET

功率MOSFET需要具备低损耗（导通电阻小）、高速性、高电压、大驱动电流等特性。因此，功率MOSFET通常采用将电流沿着芯片的三维方向（垂直方向）流动的结构，并且同时并联连接多个晶体管，以减小导通电阻并增大驱动电流。

功率半导体

功率半导体用于高电压、大电流（即高功率、高输出）应用，用于控制电压、电流和频率。应用领域包括电动汽车（HV、EV）、电车、5G基站、工业设备、太阳能发电等电力控制。功率半导体器件在硅材料的功率MOSFET和IGBT性能方面已经接近了最小能量损失的极限值，因此对下一代碳化硅（SiC）和氮化镓（GaN）充满了更高的期望。

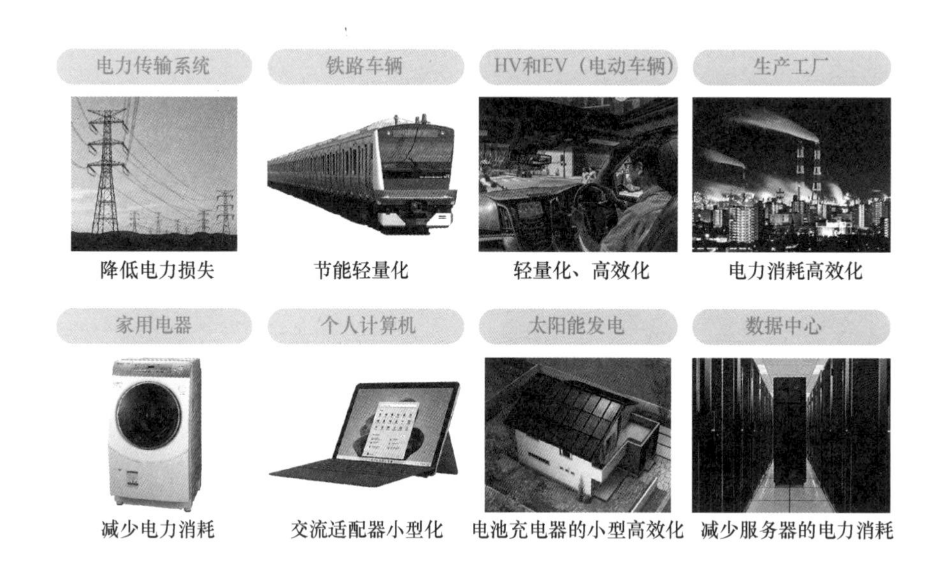

▲ 期待功率半导体（SiC、GaN）在以上领域中的应用

半导体

半导体是指由硅等半导体材料制成的电子元件的总称，用于各种电子设备领域，如半导体存储器、微处理器等。从电阻的角度来看，半导体是处于绝缘体（如塑料、橡胶等）和导体（如金、铜等金属）之间的材料。

半导体产业

半导体产业包括以制造和销售分立半导体、集成电路（IC、LSI）等电子元件为主的半导体制造企业，以及支撑半导体制造企业的半导体制造设备、设计工具、检测设备和测试系统、半导体材料和零部件、半导体工厂设备等多种特色鲜明的半导体相关企业。值得一提的是，在半导体制造设备、材料等领域，日本企业的产品在全球占有很大的份额。

半导体制造设备产业

半导体制造设备产业在支持半导体产业方面发挥着重要的作用。用于制造最先进半导体器件的半导体制造设备需要涵盖物理化学、机械工程、电气工程、材料工程以及高分子物理化学、金属工程和计算机控制工程等跨学科融合技术。

半导体传感器

半导体传感器利用环境变化，如光、温度、振动、速度、气体（离子）等，对半导体的载流子浓度、耗尽层（结电容）、表面电阻等产生影响，并将其检测为电压或电容的变化。半导体传感器包括光传感器、磁传感器、压力传感器、加速度传感器等。将光转换为电能的是光电二极管，将光转换为图像信号的是图像传感器。目前，为了实现设备的小型化和轻量化，半导体微机电系统（MEMS）技术的传感器与电子部件的融合发展日益活跃。

半导体器件

指使用半导体制造的电子部件，包括单个半导体器件和集成电路（IC、LSI）。

半导体产业的发展模式

早期的半导体制造企业在制造和销售电子部件，特别是集成电路（IC、LSI）方面拥有完整的自主生产链（属于现在的垂直整合型制造企业）。然而，随着半导体产业的发展，形成了三种主要的产业模式，包括垂直整合型制造企业、无晶圆厂企业和半导体代工厂（制造受托企业）。

半导体存储器

这是一种用于存储信息（如数据和程序）的大规模集成电路（LSI）。存储器类型包括动态随机存取存储器（DRAM）等易失性存储器（当计算机断电时，信息会丢失），以及数字相机、智能手机等设备中使用的非挥发性存储器，即使切断电源，信息也会保存在闪存存储器中。

带隙（Bandgap）

带隙是指夹在导带和价带之间的电子不能存在的禁带宽度。

非晶硅（Amorphous silicon）

非晶硅是指虽然存在晶体，但其完全没有规则排列的结构，是一种完全无序的硅材料。

比特、字节、字（bit，byte，word）

比特、字节、字是计算机中使用的信息单位。1比特（bit）是计算机处理的最小单位，表示二进制的一位，可以表示的信息有两种选择，即“0”和“1”。8个比特组成一个字节（byte），即 1 字节 = 8 比特。最近的 CPU 通常是 64 位的，这个 64 位的大小就对应着一个字（word）的单位。

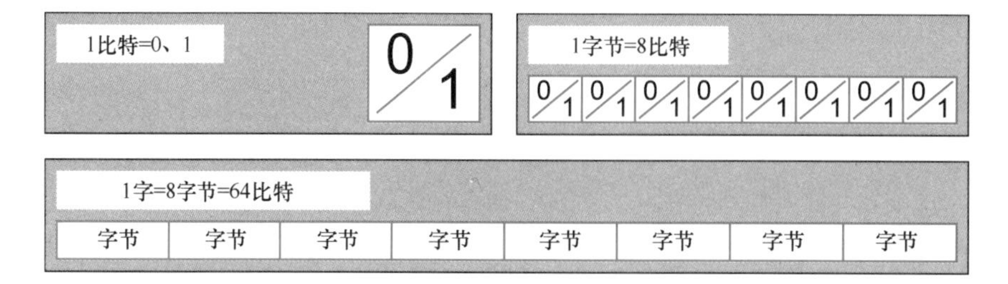

计算机性能	内存性能	HDD容量	处理速度
32位版	2～4GB	2TB以下	负荷越大，64位版越快。
64位版	8GB～2TB	2TB以上	

1KB＝1000B 1MB＝1000KB 1GB＝1000MB 1TB＝1000GB

▲信息单位：比特、字节、字的组成

Foundry（代工厂）（Foundry semiconductor manufacturer）

Foundry 半导体制造商是从 Fabless（无晶圆厂）企业或垂直一体化的半导体制造商那里接受委托，仅进行制造的半导体制造商。

Fabless 半导体制造商（Fabless semiconductor manufacturer）

Fabless 半导体制造商是没有制造工厂（Fabrication facility）的，也就是说，他们在 Foundry（代工厂）上委托制造半导体。

光电二极管（Photodiode）

光电二极管是一种将光转换为电信号（电能）的半导体器件。在光电二极管的常见应用中，例如电视遥控器操作时，电视机上常附有光电二极管（红外传感器）。光电二极管由 P 型和 N 型区域的 PN 结构成。当光射入半导体的结区时，会产生电子-空穴对。此时，电子会集中在 N 型区域，而空穴会集中在 P 型区域，最终两者都会集中在两个电极附近。在这种状态下连接外部负载，P 型区域的空穴和 N 型区域的电子将朝着相反的电极移动，最终可以产生与入射光强度成正比的电流。

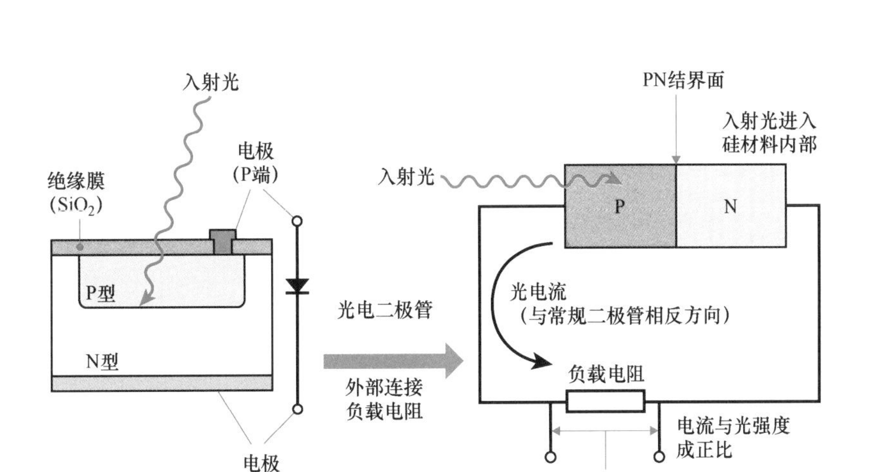

▲光电二极管的原理和结构

掩膜版（Photomask）

掩膜版是在集成电路制造工程（即光刻技术）中使用的石英玻璃板，上面绘制了电路图案，类似于摄影中的底片。它被用作在硅晶圆上曝光和传递的原版。

光刻胶（Photoresist）

光刻胶是在光刻工艺中涂覆在晶圆上的感光剂。对于光的反应有两种类型，显影后，正性光刻胶中的胶会溶解，而负性光刻胶中的胶会保留下来。目前，对微加工非常敏感的高分辨率正性光刻胶已经成为主流。

掺杂半导体（非本征半导体）（Extrinsic semiconductor）

掺杂半导体是在本征半导体中添加硼、磷等杂质的半导体材料（P 型半导体、N 型半导体）。

良率（Yield）

良率是指在半导体制造过程中，各个工序的良率。通常情况下，良率指的是最终芯片测试中的芯片合格品率（合格品芯片数量/有效芯片数量）。降低良率的主要因素包括形状不良、金属污染等不可见的污染因素，这些因素会对半导体元件产生重要的电学特性影响，例如 MOS 晶体管的耐压、漏电流、阈值电压等，从而导致质量下降和良率降低。

闪存（Flash Memory）

闪存是一种电子存储设备，可以在电源关闭后保持数据，并允许电子数据的重写（写入和擦除）。它被广泛用于数字相机、智能手机等设备的大容量数据存储，包括文档和图像等。闪存根据其构造方式可以分为 NAND 型和 NOR 型，但目前 NAND 型更常用，因为它占用的芯片面积较小。闪存的基本构造包括在 MOSFET（金属氧化物半导体场效应晶体管）的基本结构上添加具有存储效果的附加晶体管（浮栅）。通过这个浮栅，数字信息的“0”和“1”被存储起来。闪存技术已经发展到了 3D NAND 闪存（三维立体结构的闪存），这极大地提高了存储容量和性能。

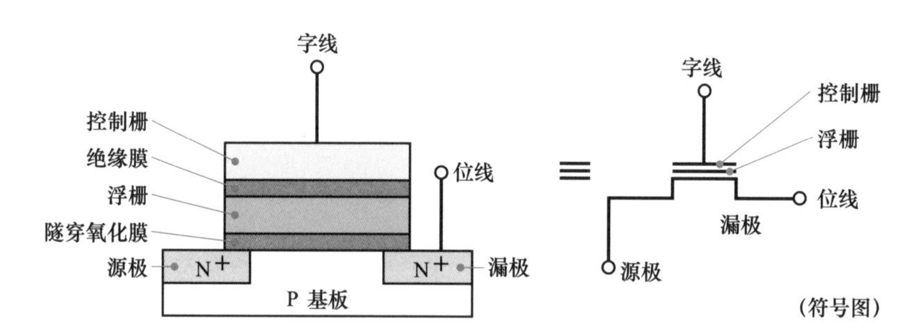

▲闪存的基本结构

印制电路板（Printed Circuit board）

电子元件（如晶体管、电阻、电容等）安装在印制电路板上，该线路板具有电路布线。通常，印制电路板的定义同时包括这两个含义。

平坦化 CMP 设备

CMP（化学机械抛光）设备是相对较新的半导体生产设备，是半导体微缩和多层线路化所必需的表面平坦化技术。它使用称为研磨液的化学研磨剂和研磨垫，通过化学作用和机械研磨的复合作用来削平晶圆表面的凹凸。

基极

双极型晶体管，包括 NPN 型和 PNP 型，都有三个端子，分别是基极、集电极和发射极。这三个端子的名称来源于晶体管早期点接触型的结构。基极通常连接到基板，通过基极电流来控制集电极和发射极之间的电流。

基极区域

NPN 或 PNP 型的双极型晶体管中，位于发射极和集电极之间的区域称为基极区域。这一区域需要非常薄，因为基极层的厚度会显著影响晶体管的性能。

空穴（Hole）

当电子不在应该存在的位置时，该部分（空穴、电子空位）相对地具有正电荷。这些被称为空穴，相对于带负电子的电子而言。在硅半导体的能带结构中，空穴就像是价带中没有电子存在的地方。在 P 型半导体中，这些空穴对电子传导起到了贡献作用。

多晶硅电阻（Polysilicon resistance）

多晶硅电阻是在硅衬底上形成的电阻，具有相对较大的电阻值。可以通过在多晶硅中掺杂杂质（通过杂质扩散或离子注入）来降低电阻值，也可以将其用作金属线路。此外，半导体器件中还存在着扩散电阻，也可以利用杂质扩散区域作为电阻。

微处理器（Microprocessor）

一种用于计算机的 LSI（大规模集成电路），具有高度的数值计算和运算处理功能。它构成了计算机的核心部分，包括 CPU（中央处理器）和周边控制单元等，通常集成在一个芯片上，被用于诸如计算机等设备的核心部分。也称为 MPU（微处理器单元）。

微型计算机（Microcomputer）

微型计算机简称为微控制器，是一种极小型的微处理器，将计算机功能集成在单一的硅芯片上。然而，现在通常指的是单芯片微控制器，它在缩小计算机功能的同时，在同一芯片上集成了以前需要外部连接的存储器和各种外设功能（周边电路）。

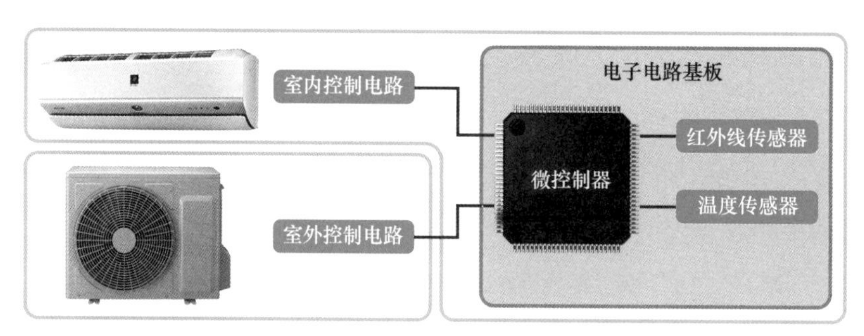

▲由微控制器控制的空调操作环境

多核心（Multiple cores）

多核心处理器是一种将多个 CPU 核心集成在一块芯片上的处理器。多核心技术允许在保持工作频率不变的情况下，通过使用两个 CPU 核心（双核心）来实现当前两倍的计算性能，而不是提高单个 CPU 核心的工作频率。如果要通过单核心来获得相同的计算性能，则需要提高工作频率（消耗电力与工作频率成正比），同时还需要增加电源电压（消耗电力与电源电压的平方成正比）。因此，结果是单核心情况下的消耗电力远大于双核心（两个 CPU 核心）。然而，要实现多核心处理器的期望计算性能，需要非常重视多个 CPU 核心的有效并行处理，这对提高处理器性能非常重要。

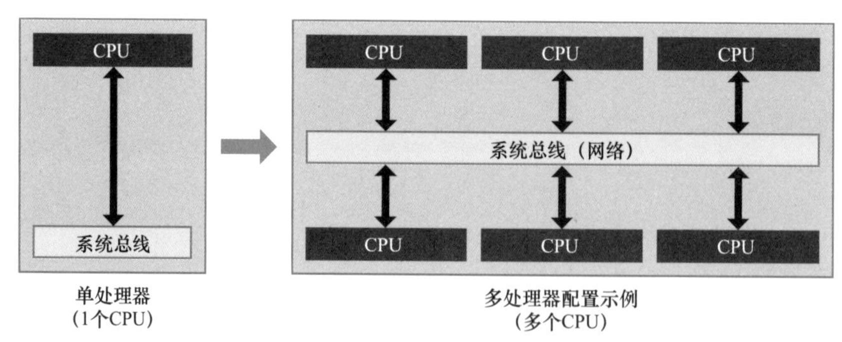

▲多核心（多处理器）的概念

漏电流（无效电流）（Leakage current）

在电子电路（IC、LSI）运行时，电流会从本不应流过的地方或路径流出，这称为漏电流。在 IC、LSI 中，对于非 CMOS 的 PMOS 和 NMOS 逻辑电路，漏电流会不断地在“0”或“1”中流动。这就是为什么现代 IC 和 LSI 采用了 CMOS，而不是 PMOS 或 NMOS，因为 CMOS 消耗的功率较少。

然而，即使对于 CMOSFET，也存在微小的漏电流。即使在低于阈值电压的情况下，接近该阈值电压时，也会有微小的电流流动（阈值电压并不是垂直上升的）。

在现代 IC 和 LSI 中，集成的晶体管数量可以达到数百万甚至数亿，尽管每个晶体管的漏电流都很微小，但在整个芯片上却成为一个重大问题。因此，最近的 IC 和 LSI 采用了各种创新，如进一步降低电压和切断处于休眠状态的电路块的电源供应。

引线框架（Lead frame）

这是一种用于 IC、LSI 等封装器件的金属引线材料。

光刻（Lithography）

光刻是一种技术，通过光刻设备将半导体元件（集成电路、分立半导体）的电路图案从掩膜版原始图案转移到硅晶圆（准确地说是光刻胶）上。

激光二极管（半导体激光）LASER Diode（Light Amplification by Stimulated Emission of Radiation Diode）

一种用于光通信的半导体器件，将电信号转换为激光光束。在短距离通信中，也可以使用发光二极管。在光纤通信系统中，它将发射端的电信号转换为激光光束（具有出色的定向单一波长电磁波），通过光纤传输，然后由远程接收器的光接收器（高性能光电二极管）接收并进行信息传输/通信。

曝光装置

在半导体制造中，使用了光刻技术的原理。半导体曝光装置使用高性能镜头，将掩膜版的电路图案曝光和转移到硅基底的装置。曝光装置是一种称为步进器（缩小投影型曝光装置）的设备，它在缩小光刻图案的同时，将其烧入硅基底。曝光装置的分辨率取决于使用的光源波长和镜头光圈数（表征镜头性能的数值，数值越大，分辨率越高）。光源波长越短，分辨率越高。在最先进的IC、LSI制造中，使用了极紫外线（EUV，13.5nm）技术。

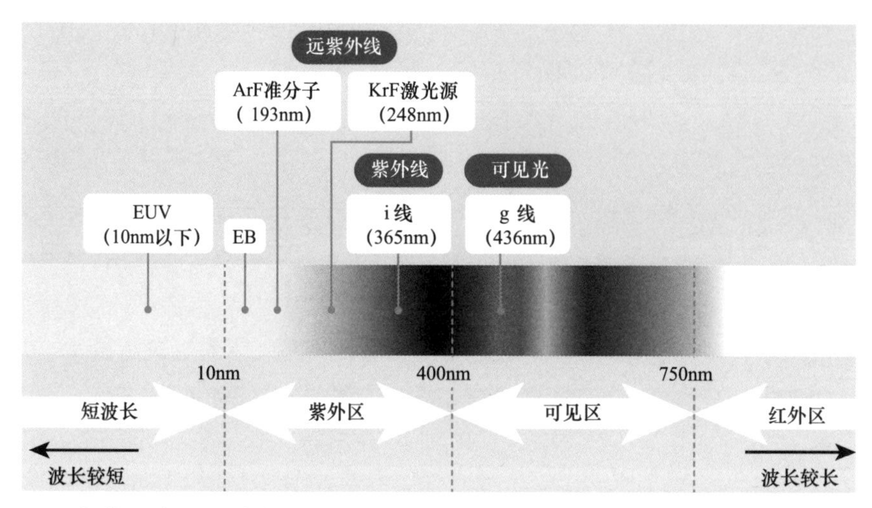

▲曝光装置光源的波长